《科学传奇——探索人体的奥秘》系列丛书

探索生命的奥秘

《科学传奇——探索人体的奥秘》
编委会　编著

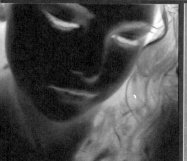

西南交通大学出版社
·成都·

图书在版编目（ＣＩＰ）数据

探索生命的奥秘 /《科学传奇：探索人体的奥秘》编委会编著 . —成都：西南交通大学出版社，2015.1（2019.3 重印）

（《科学传奇：探索人体的奥秘》系列丛书）

ISBN 978-7-5643-3708-7

Ⅰ . ①探… Ⅱ . ①科… Ⅲ . ①生命科学－通俗读物 Ⅳ.①Q1-0

中国版本图书馆 CIP 数据核字（2015）第 016913 号

《科学传奇——探索人体的奥秘》系列丛书

探索生命的奥秘

《科学传奇——探索人体的奥秘》编委会　编著

责 任 编 辑	张慧敏
封 面 设 计	膳书堂
	西南交通大学出版社
出 版 发 行	（四川省成都市二环路北一段 111 号 西南交通大学创新大厦 21 楼）
发行部电话	028-87600564　028-87600533
邮 政 编 码	610031
网　　 址	http: //www.xnjdcbs.com
印　　 刷	重庆三达广告印务装璜有限公司
成 品 尺 寸	170 mm×240 mm
印　　 张	15
字　　 数	243 千字
版　　 次	2015 年 1 月第 1 版
印　　 次	2019 年 3 月第 5 次
书　　 号	ISBN 978-7-5643-3708-7
定　　 价	49.80 元

前 言

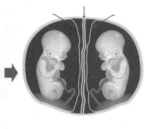

　　生命是一个神奇的过程。怀孕、生产，看似生命中必经的普通事件，其实都具有极其不普通的意义。正因为有了这样的神奇过程，才使得人类得以不断繁衍、进化，生生不息。那么，生命到底是怎样一个神奇的过程呢？这个过程又隐藏着怎样的奥秘呢？

　　这正是本书要为读者解答的。本书以一个小精子的经历为主线，详细、科学、有趣地讲述了这颗小精子是如何一步步形成胚胎，发育成胎宝宝，并最终形成人，来到世界上的。整个过程可谓历经艰险，却又充满神奇，让我们不禁为生命的产生和进化的艰难感叹、唏嘘，同时也让我们领悟到了生命的伟大。

　　本书的最大特点不在于平铺直叙地讲述一个生命形成的过程，而是巧妙地将一颗小精子作为主角，以第一人称的口吻，讲述了这个小精子从诞生到形成生命的神奇过程，读起来既科学有趣，又感同身受，从而让读者更容易有身临其境之感，也更容易接收其中传递出来的科普知识。

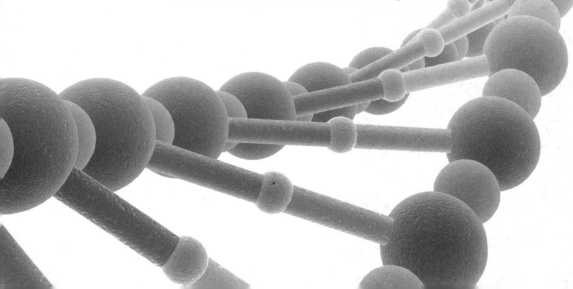

目录
Contents

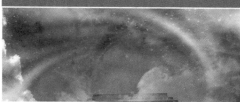

目 录
Contents

Contents

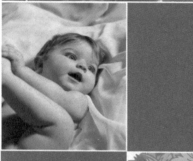

PART1

第 1 章

新娘争夺战

我，三亿精子中的一员，此刻正与同伴们一起，静静恭候着命运大门的开启。等待我们的将是一场艰苦卓绝的战斗，而这场战斗就是我们生存的意义……这项任务绝对可以在"人体细胞最惨烈任务排行榜"上名列前茅。我必须在三亿同胞中脱颖而出，以最短的时间通过妈妈生殖道内的重重关卡到达输卵管与卵子妹妹相遇，否则只能被溶解吸收，悄然死去……

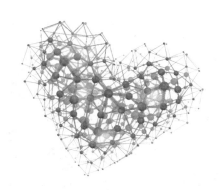

我的诞生
WO DE DANSHENG

※　我此刻正与同伴们一起，静静恭候着命运大门的开启。

我，三亿精子中的一员，此刻正与同伴们一起，静静恭候着命运大门的开启。等待我们的将是一场艰苦卓绝的战斗，而这场战斗就是我们生存的意义。

我是在爸爸的生殖器官——睾丸——中由原始精原细胞分裂诞生的。

最开始，原始精原细胞只是一个小小的细胞，含有与体细胞数目相同的染色体，和其他细胞仿佛并没有什么不同，但很快，它暗藏的玄机便表现出来——原始精原细胞分裂形成了两类不同的细胞：一种会一直处于静止状态，另一种却进入了分化的途径。进入分化途径的精原细胞进一步发育为初级精母细胞。初级精母细胞经过减数分裂，首先变成两个次级精

母细胞，然后再形成四个圆形精子细胞，其中之一，就是我。

我的诞生过程和爸爸身体中的其他细胞都不相同，关键就是在这"减数分裂"上。这种奇特的分裂方式使我明白，自己是生殖细胞中的一员，担负的将是繁殖后代、延续种族的重大使命。我整个生命的终极目标就是尽一切力量，与妈妈体内同样进行减数分裂、只具有一半染色体的卵子相融合，产生完整而全新的生命。

什么？不知道"减数分裂"是什么？哎呀，这可是生命诞生过程中最关键的一个环节！

减数分裂，顾名思义，必然要"减数"，这个"数"，指的就是染色体的数目。也就是说，分裂以后的细胞中，染色体只有原来细胞的一半。很奇怪吧，为什么会有这样的分裂方式呢？这就是造物主的神奇所在了。我们的身体中只含有爸爸一半的遗传信息，同样，卵子也进行了减数分裂，含有妈妈身体中一半的遗传信息。那么，当我们相遇时，两个细胞的遗传物质融合在一起，新形成的受精卵便有了来自爸爸和妈妈的遗传信息，而且数目刚刚是完整的！这就保证了在漫长的岁月中，遗传物质的量始终是稳定的，而且融合爸爸和妈妈的特征。

你知道吗？

男性精子数量质量在下降。

我国男性的精液质量正以每年 1% 的速度下降，精子数量降幅达 40% 以上。而且，工业化程度越高的地区，精子质量下降速度越快。

从精原细胞到形成精子，需要 56~88 天，期间要保护好爸爸的精子不受伤害。

这样高明的设计也许只有造物主才能想得出来吧！

■一分钟了解我们的精子

精子是在男性生殖器官睾丸中由原始精原细胞分裂诞生的。人体每一个细胞都携带有 23 对染色体，其中 22 对为常染色体，剩余一对（2 条）为性染色体，原始精原细胞也不例外。它分裂形成了两类不同的细胞：一种会一直处于静止状态；另一种却进入了分化的途径。进入分化途径的精原细胞进一步发育为初级精母细胞。初级精母细胞经过减数分裂，首先变成两个次级精母细胞，然后再形成四个圆形精子细胞，这就是精子的前体。每个精子细胞也同样携带 23 对染色体，通过减数分裂，生成精子。每个精子只携带唯——个性染色体 X 或 Y。它们只有与同样只携带唯——个性染色体 X 的卵子融合，才能形成一个完整的生命。

漫长的婚约

MANCHANG DE HUNYUE

　　自从我认识到自己与别的细胞不同以来，就开始认真研究自己的任务，不是我吹牛，这项任务绝对可以在"人体细胞最惨烈任务排行榜"上名列前茅。我必须在三亿同胞中脱颖而出，以最短的时间通过妈妈生殖道内的重重关卡到达输卵管与卵子妹妹相遇，否则只能被溶解吸收，悄然死去。

　　与我们要打的"快速突击战"不同，卵子只有单枪匹马、持久作战才能与我们相见。

　　当妈妈还是一个八周大的胚胎时，卵子的前身——原始卵泡——就已经全部形成了。妈妈出生时，她体内的原始卵泡数量从 2000 万骤减到 300 万，这些原始卵泡在白色的卵巢中静静地等待着，它们的生长一直受到抑制。到了妈妈的青春期时，这种抑制终于开始解除。每个月经周期里有大约 15 ~ 20 个原始卵泡发育成为初级卵泡。不过这些初级卵泡并不都有那么好的运气可以走出卵巢，最终只有一个幸运儿能发育为成熟的卵泡。这个幸运儿在激素的帮助下离开卵巢。这个步骤每月重复一次，每次只有一个卵泡能抽到大奖。也就是说，在妈妈的一生中，只有 300 ~ 400 个卵子能有幸被选中，离开长年居住的卵巢，看看外面的世界。十几年甚至几十年的漫

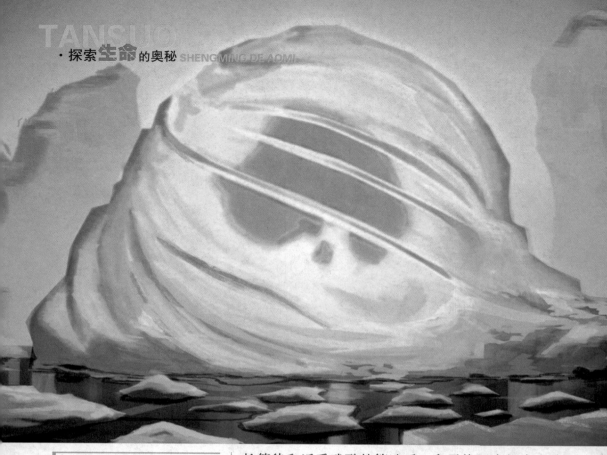

※ 十几年甚至几十年的漫长等待和近乎残酷的筛选后，她终于有机会和我们相见了，可她被给予的时间太少太少，如果 24 小时内见不到我们，她只能含恨而终。

长等待和近乎残酷的筛选后，卵子终于有机会和我们相见，可她被给予的时间太少太少，如果 24 小时内见不到我们，她只能含恨而终。

■一分钟了解我们的卵子

卵子的形成过程与精子类似，也要通过减数分裂来使自己的染色体变成体细胞的一半，但却要用十几年或几十年才能逐一成熟。此外，不同于精子的地方还有：精子是成批产生的，每天都有 3 亿多个精子生成；而卵子每次却只有一个（偶尔也有多个的），而且是一个月成熟一个（或多个）。女性一生中只可能产生 300~400 个卵子，女性过了更年期彻底绝经后就不会有卵子再产生了。而男性即使到了七八十岁都会有精子产生，只不过量已经大大减少了。

紧锣密鼓备战

JINLUOMIGU BEIZHAN

为了赢得战争，履行这"漫长的婚约"，我开始了积极的备战工作。

分布在周围的间质细胞和支持细胞是我们坚定的支持者。

间质细胞因生长在曲细精管外疏松的间质组织里而得名。它分泌一种重要的激素"睾酮"。这种雄性激素可以促进爸爸生殖器官的生长和发育。在它的作用下，爸爸才能显示出男子气概，如肌肉发达、身高膀宽、骨骼粗壮、喉结突出、声调低沉等。同时，这种激素也时刻督促我们的生长。

支持细胞和我们的交情更没话说了。它一不分裂，二不增殖，一心一意为我们的成长作贡献。支持细胞身兼两职，它既是后勤，又是替补。它要随时准备着在必要时顶替间质细胞，产生雄性激素。更重要的是，它日夜加班为我们源源不断地提供营养。据科学家们研究，支持细胞分泌的蛋白已达数十种之多，这些蛋白可都是我们分化成熟所必需的营养物质。

有了两位大哥的鼎力相助，我们迅速地成长起来。经过再次的分裂和多日的生长，我的身体发生了巨大的变化：细胞内的重要物质被压缩进鱼雷状的头部，多余的细胞质脱落，还长出了细长有力的尾巴。

你知道吗？

XY 染色体决定男女

人体细胞内有 23 对总共 46 条染色体。但是，男性和女性的染色体各不相同。女性染色体是由两条 X 染色体配对而成，而男性染色体是由一条 X 染色体和一条 Y 染色体配对而成。

男女都具有的 X 染色体上包含有 1 098 个基因，而只有男性才具有的 Y 染色体上只包含有 78 个基因。不过，说起来男性倒要比女性多出 78 个不同的基因。

※ 在间质细胞分泌的雄性激素作用下，男人才能显示出男子汉气概。

我现在的样子就像是一个小蝌蚪。虽说像蝌蚪，可我们远比蝌蚪小得多。人们只能在显微镜下观察到我们的模样。我们的头部只有4～5微米长，尾巴大约是55微米长；头部的下面有一段很短的部位叫"连接部"，也可称为我们的颈。我们就是靠这个部位弯曲，它可以作为我们摆动前进的支点。

虽然样子怪怪，但这可是最佳战斗形态。长长的尾巴是必不可少的前进装置。它分为颈、中、主、末四段，其中，中段外面包裹的螺旋状的鞘就像发动机一样，当"发动机"被点燃后，我能被推动着螺旋状前进。由于抛弃了身体内大部分的细胞质，我们可以轻装上阵，流线型的头部使前进时的阻力减小。在头部最前端，我们还携带有一个被称为"顶体"的秘密武器。顶体是覆盖我们头部前端2/3的帽状结构，这顶"帽子"里包裹着多种水解酶和糖蛋白，如透明质酸酶、唾液酸苷酶、酸性磷酸酶、放射冠穿透酶，等等。全靠这些酶，我们才能在妈妈的生殖道内生存，并在与卵子妹妹相遇时打破最后一道阻碍我们的外墙。

装备齐全以后，我就和同伴们启程了。我们经过直精小管和睾丸网来到附睾中，在这里我们会停

你知道吗？

芹菜原是"精子杀手"

男性多吃芹菜会抑制睾酮的生成，从而有杀精作用，会减少精子数量。据报道，国外有医生经过实验发现，健康良好、有生育能力的年轻男性连续多日食用芹菜后，精子量会明显减少甚至到难以受孕的程度，这种情况在停止食用芹菜后几个月又会恢复正常。

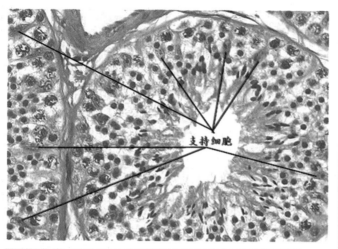

支持细胞

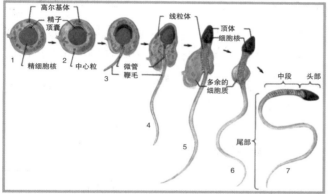

高尔基体
精子
顶囊
1 精细胞核 2 中心粒
3 微管
鞭毛
线粒体
顶体
细胞核
4
5
多余的
细胞质
中段 头部
6
尾部
7

留 8 ~ 17 天，接受进一步的强化训练，获得运动能力。你想啊，后面我们需要独自通过子宫和输卵管，要是不能自己运动，想见到卵子那不是做梦吗？我们刚刚诞生时没有运动能力，这主要是因为我们表面的那层膜还不成熟所造成的。附睾中的一些物质能改变我们体表的膜成分，从而使我们获得运动能力，同时添加保护物质，防止我们在进入妈妈的生殖器后过早暴露"武器"——头部的各种酶——而遭到围剿。附睾中的其他细胞也不断分泌出一些对我们生存有利的物质，帮助我们把状态调到最佳。

※ 你瞧，在支持细胞的帮助下，我由初级精母细胞逐渐成长为精子。
※ ok，一切装备就绪。现在，我的身体就是一架完美的战斗机器！

你知道吗？

冬季精子质量最高
美国研究人员发现，男子精液质量的变化可能与季节有关。由于天热的缘故，夏季不成熟的精子的比例比其他季节都高。研究指出，春季是精子尾部缺损出现频率最高的季节。尾部缺陷的精子，活动性差，难于接触到卵子使其受精。总的来说，精子数量最高的是冬季，然后是春季，精子自动性最强的是秋季和冬季。

漫漫征程

MANMAN ZHENGCHENG

做足一切准备工作，我们踏上了漫漫征程。穿过一系列错综复杂的管道，终于到达勃起的阴茎。这段距离有将近一米。同时，伴随我们到达的还有 2～3 毫升的白色液体，它们是精囊、前列腺和尿道球腺分泌的混合物，为我们提供路上所需的营养和适宜的环境。随着一阵猛烈的收缩，数以亿计的同胞以横扫千军之势涌入妈妈的阴道。

波澜壮阔的战争终于拉开了帷幕。

■穿越生死线

精液内含有的凝结物质，让射入阴道的精液迅速凝结，在第一时间堵住阴道，使精液不会流出体外。不过它在几分钟后就会受到酶的作用而液化，我们必须抓紧时间进行战斗。

没想到战役一开始就惨烈如斯：妈妈的阴道上那些数量众多的横行皱褶，将很多同伴困在了里面。阴道壁上还布满酸性液体，这是她的天然防线，以保证自身不受细菌的感染。不幸的是，这对我们来说也是致命的，多达一亿的同胞当场被杀死，短短一个小时，我们的三亿精子大军已经死

※ 形势非常严峻，我们必须和时间赛跑。

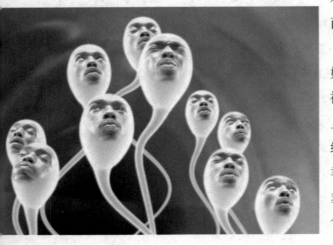

伤过半。在妈妈的生殖管道内，我们最多能存活 1 ~ 3 天，但与卵子融合的能力只能维持 24 小时左右，形势非常严峻，我们必须和时间赛跑。残余的同伴们奋力摆动尾部，想努力游过这一段死亡隧道。幸运的是，精液中的前列腺素帮了我们大忙。前列腺素被阴道壁吸收，几分钟内就引起强烈的子宫收缩。收缩产生的力不断牵引着我们向子宫的方向前进。

好不容易逃离了致命的酸性环境，我们迅速游动到更有利于存活的宫颈管中。但是还来不及整理残余部队，第二场战役的号角就吹响了。这次要闯的难关是子宫颈。这是一道通往子宫的狭窄小门，仅有 1 毫米宽，并由一团黏液牢牢把守着，不让有害细菌进入脆弱的子宫。子宫颈黏液非常黏稠，主要由糖蛋白聚成的大分子微胶粒所组成。微胶粒排列成粗细不等的单纤维，这些单纤维又交联缠绕在一起，组成一道道栅栏，几乎是无法逾越的屏障。黏液中所含的营养物质稀少，长途跋涉饥肠辘辘的我们无法在这里补充能量。更可怕的是黏液中还含有大量的白细胞，它们不断四处巡逻，会把我们整个儿吞进肚子里慢慢消化。穿越子宫颈看起来简直就是不可能完成的任务。不过再坚固的防守也有漏洞：每个月在排卵的那一两天时间内，宫颈口逐渐扩大，可达 3 毫米，宫颈变松软，这利于我们通过。此外，子宫颈黏液的量会增多而变得稀薄，蛋白纤维网会变成较为宽松的结构，我们可以在它的缝隙中穿行。同时，宫颈黏液中白细胞数量相对下降，从而减少了吞掉我们的机会。此时子宫颈黏液的碱性有所增强，而我们恰恰是喜碱厌酸，这也对我们起到了保护作用。虽然跨越黏液屏障的

你知道吗？

最佳受孕日和受孕时刻

一般来说，从排卵前 3 天至排卵后 1 天最容易受孕，同房时间过早过晚都不易怀孕。因为卵子排出后，一般只能存活 12~24 小时，精子在女性生殖道内，通常只能活 1~3 天。

科学家根据生物钟的研究表明，人体的生理现象和机能状态在一天 24 小时内是不断变化的，早 7 时至 12 时，人的身体机能状态呈上升趋势；13 时末至 14 时，是白天里人体机能的最低时刻；17 时再度上升，23 时后又急剧下降，普遍认为21~22 时同房受孕是最佳时刻。除此之外，同房后女方长时间平躺睡眠有利于精子游动，可增加精卵接触的机会。

困难稍稍减少，但仍然只有最强壮的精子才能穿透。为了更好地冲破困境，我们必须发挥合作的精神。一批同胞作为先导部队，抱着牺牲的决心，冲在战斗的最前线。它们与黏液的接触使黏液发生一些有利于我们通过的变化，后续部队就能较为顺利地进入子宫。而这些无私的先导战士们却因为过早的体力消耗而丧失了受精的机会。

在穿越子宫颈黏液的过程中，我们获得了使卵子受精的能力。这种能力和我们的运动能力一样，不是与生俱来的。我们在子宫颈黏液中艰难跋涉的时候，不得不丢弃一些表面吸附的物质，不过去掉这些物质并不是一件坏事，我们正是因此而获得了使卵子受精的能力，这就是人们所说的"获能"行为。也许这也是造物主对我们的考验之一吧，只有穿越了障碍的勇士，才能获得这项受精许可证。

■两个路口，两种命运

进入子宫腔以后，我们就脱离了精液。生存条件变差，我们的活动力也减弱了，寿命更是显著缩短。在腔内液体的帮助下，我们向着输卵管继续前行。从子宫到达输卵管，虽然只有十几厘米的距离，但对于身长只有 60 微米的我们来说，绝不亚于马拉松赛跑。这是对体能的大挑战，一路上不断有疲惫的同伴倒下。这一关不仅路途遥远，途中还有白细胞虎视眈眈。我们提心吊胆地躲过四处游荡的白细胞的偷袭，眼看就要进入输卵管，一道巨大的选择题从天而降：两个路口，两种命运，我该走哪一边？

输卵管连接着妈妈的子宫和卵巢，一共有两条，一般情况下每个月中只有一侧的卵巢会释放出一个

你知道吗？

男子排精量过多也是病

一个健康的成熟男性，每次精液的排出量应在 3~5 毫升，如果数日未排精而精液量少于 1.5 毫升，即为精液过少症。男子一次排精后，精液要经过 1~2 天的补充才能恢复正常，一次排精量超过 8 毫升者称为精液过多，这也是一种病态，多由精囊炎症和垂体促性腺激素分泌亢进所致。会引起精液中精子密度降低，从而降低受孕概率。过量分泌的精浆因炎症等病理因素的影响，还会干扰精子的活动和功能。另外，精液量过多会使带有大批精子的精液从阴道流失，也会减少受孕的机会。

卵子，也就是说，卵子只会静静地躺在其中一条的皱褶深处。一边是光明，另一边却是散布着死亡气息的陷阱！那么，哪条才是通往美丽新娘的迎娶之路呢？时间紧迫，容不得我们多想，同伴们就此作别，踏上了各自选择的命运之路。

子宫与输卵管的连接处非常狭窄，具有丰富的纤毛，再加上输卵管平滑肌的收缩，把大部分好不容易到达这里的同伴"扫地出门"。我和一些战友左突右挡，侥幸闯了进去。

※ 两个路口，两种命运，我该走哪一边？

终于进入到妈妈的输卵管内，可我们的历险却远未结束。卵子位于输卵管的膨大部分，要到达那里，我们必须挤过一段极狭窄的通道——输卵管峡部。

输卵管峡部的环形括约肌使我们的行动受到阻滞，不少兄弟被卡在这里动弹不得。好在天无绝人之路，由于排卵期间狭部的分泌细胞功能加强，所以液体增多，再加上这里的管腔狭小，所以压力明显高过输卵管壶腹部。我们就在这种压力的推动下配合着输卵管自身的蠕动慢慢前行。通过这一段狭窄的隧道，我们眼前豁然开朗，是的，这里就是我们的目的地！

忽然间，大家感受到了一种特殊的气息，这是卵子释放出的化学物质的气味！看来我们选择的道路是正确的。经过前面几场惨烈的战役，大部分同胞都牺牲了，只剩下寥寥数百的超级幸运儿。可是，最残酷的战争现在才刚刚开始。

在杰克·伦敦的小说《海狼》里，海狼赖森是

这样对生命进行定义："我认为生命是一个酵素，一个酵母菌，吃别的生命才能活下去，因此活下去就是自私自利行为成功的结果。嗯，如果论供求，生命是世上最便宜的东西。……生命？呸！没有价值，是廉价品中最廉价的东西。到处都有生命在乞讨食物。自然女神手一松，流出了太多生命。明明只有一条命生存的空间，她却播下了一千条，生命吃生命，直到最后，只有最强、最自私的生命才能活下去。"

这段话用在这里真是恰如其分。曾经建立的战斗同盟在瞬间土崩瓦解，我们的下一个任务是与同胞展开你死我活的贴身肉搏。美丽的新娘只属于最先找到她的那个精子。

自然女神手一松，流出了太多生命。明明只有一条命生存的空间，她却播下了一千条，生命吃生命，直到最后，只有最强、最自私的生命才能活下去。

■吻醒"睡美人"

卵子妹妹不断释放出特殊的化学物质，引导我们向她游去。终于，她出现在我们面前。

和瘦小的我相比她是那么珠圆玉润，外层被透明的薄膜保护着，四周还环绕着由卵丘细胞群组成的光环，看起来就像一个悬浮在天体中的漂亮的星球。

来不及寻找词汇赞叹她的美丽，我们就开始了下一场厮杀。

首先要做的就是突破卵丘细胞。这个时候我们头

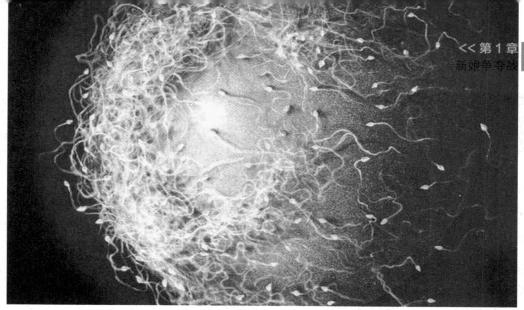

部的顶体可就派上用场了。顶体帽前端开始胀大，并碎裂成小液泡，然后脱落。顶体内的各种酶被释放出来。释放出的透明质酸酶迅速将卵丘细胞间的物质溶解，使卵丘细胞分散，我顺利穿过了卵丘细胞。正要松一口气，我却瞅见好些同伴也穿过障碍靠近了卵子。

随着我们与卵子妹妹的距离越来越近，我和同伴们的竞争也逐渐达到白热化。时间就是生命。我们齐齐涌上去，争先恐后地用头顶的"炸药包"——水解酶——来溶解卵子的透明外墙。我努力地在墙上钻探着，终于出现了一个勉强容身的小洞。我奋力拍打着尾巴，缓慢地逆时针转动，将头部推入卵子中。还没来得及好好打量我的新娘，身后的大门就迅速关闭，卵子周围筑起了一道密不透风的坚实高墙，将我的同伴拒之门外。这里变成了只属于我们俩的蜜月胜地。

"嗨，是你唤醒了我吗？"

这话怎么说的，敢情刚才我在外面的英勇壮举你都没看见呢？真是白白摆了那么多的好造型。

卵子妹妹有些不好意思"我身体里携带着好些抑制因子，所以一直处在昏睡状态，你的进入打破了这种抑制，我才能苏醒过来，完成最终的分裂，

※ 我和兄弟们正奋力钻入卵子。

※ 嗨，是你唤醒了我吗？

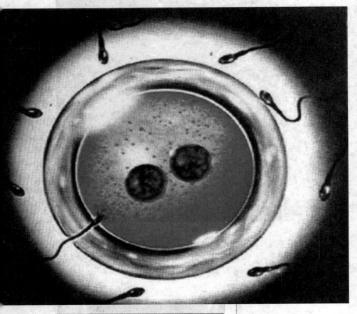

※ 精子卵子开始融合，形成雌雄原核。

你知道吗？

人为什么长得千差万别

人类有 23 对染色体，其中 22 对常染色体，1 对性染色体。在生殖细胞形成时，就能产生 8 388 608 种类型精子或卵子。精卵随机结合则可形成 70 368 744 177 664 种不同的受精卵！这就是爸爸妈妈与孩子相像但又千差万别的根据。由于精卵随机结合可以使受精卵产生多种多样的变化，所以人与人之间存在着种种差异。

形成完全成熟的卵细胞。"

原来不知不觉中我也充当了一回吻醒公主的王子。我满心欢喜，正要迎上前去，却突然发现自己的尾巴不知什么时候已经消失了，再也不能游动。关键时刻掉链子，这可怎么办？我苦恼地瞅瞅四周，更加惊讶地发现武装自己的铠甲开始慢慢地和卵子的内膜融合在一起，身体内携带遗传物质的雄原核逐渐释放出来，迅速膨大到原来的几十甚至上百倍，变成透明的球形。几乎和卵子妹妹的雌原核一模一样。

现在的我，就像漂浮在天空中的气球，卵子妹妹释放出美妙的化学气息，仿佛是牵引我的细线，将我顺着细胞骨架慢慢拉到她的身边。

"准备好了吗？"卵子妹妹微笑着问我。

"当然，从诞生起就开始期待这一刻了。"

我们轻轻地靠近，两个身体接触点的外膜变成指状，相互交错对称，最后奇妙地融合在一起。我们身体内的染色质浓缩，并重新组合，形成了完整的染色体组。

我原来的身体中携带有 22 条常染色体和一条性染色体（X 或 Y），卵子妹妹身体中也有 22 条常染色体和一条性染色体 (X)。融合以后，我们的染色体相互配对。常染色体决定了我新身体的性状——比如长相、身高、肤色，等等，而性染色体会决定我的性别。卵子妹妹携带的性染色体是 X，如果我原来的身体中携带的也是 X 染色体，那么我长大后就是女孩 (XX)；

如果我携带的是 Y 染色体，那么长大后就是男孩(XY)。

二者相融之后，我新身体的一切数据都已经完全确定了，我忍不住想欢呼起来：一个新的我终于诞生了！

■一分钟了解受精卵形成过程

受精是精子和卵子（卵细胞）相互融合、形成受精卵的复杂过程。通过性交而射精使精子射入阴道后，精子沿女性生殖道向上移送到输卵管。精子一旦进入女性生殖道即经历成熟变化并存活 2 天左右。

卵子从卵巢排出后大约经 8~10 分钟就进入输卵管，经输卵管伞部到达输卵管和峡部的连接点处（输卵管壶腹部），并停留在壶腹部。如遇到精子即在此受精。人类卵细胞与精子结合的部位大多都是在输卵管壶腹部。

成群的精子在运行过程中经过子宫、输卵管肌肉的收缩运动，大批精子失去活力而衰亡，最后只有 20~200 个左右的精子到达卵细胞的周围，最终只能有一个精子与一个卵子结合，这个过程约需 24 小时。

当一个"获能"的精子进入一个次级卵母细胞的透明带时，受精过程即开始。到卵原核和精原核的染色体融合在一起时，则标志着受精过程的完成。融合形成的新细胞将恢复 46 个染色体（父系母系各 23 个），这个过程就称为"受精"。

你知道吗？

精卵结合不一定就会成功孕育生命

当精子的头部钻进了卵子并不一定会成功受精、成功发育，还有很多情况会导致发育失败。

（1）当精子进入卵子中后，卵子的核可能会受到某些因素的影响而导致分裂。分裂的核与卵子核融合，就会产生部分受精的情况，导致胚胎发生畸形。

（2）如果卵子中存在双核，就会影响后续发育。

（3）精子在进入卵子后，如果透明带没有及时反应关闭"大门"，其余精子就会进入卵子中，影响后续发育。

※ 雌雄原核开始融合图。

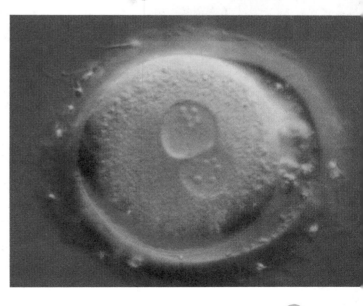

PART2

第 2 章

何处是我家

一个新的我终于诞生了！新身体要有新名字相配，如今我的大名叫做"受精卵"。

看着自己的新身体，我忍不住有些得意：要知道，能走到这一步，需要有比诺曼底登陆更大的勇气，比中 500 万更多的运气。现在尘埃落定，我只需要吃吃喝喝努力长身体就行了。

我正盘算着该怎么轻松一下，冷不防身下一阵颠簸把我推得翻了好几个跟头……

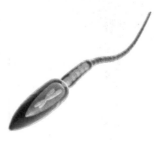

寻找 "理想国"

XUNZHAO LIXIANGGUO

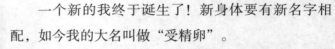

一个新的我终于诞生了！新身体要有新名字相配，如今我的大名叫做"受精卵"。

看着自己的新身体，我忍不住有些得意：要知道，能走到这一步，需要有比诺曼底登陆更大的勇气，比中 500 万更多的运气。现在尘埃落定，我只需要吃吃喝喝努力长身体就行了。

我正盘算着该怎么轻松一下，冷不防身下一阵颠簸把我推得翻了好几个跟头。

莫非输卵管中也有地震？我好不容易站稳，居然又被推得一个趔趄。

这是怎么一回事？我疑惑地低下头，这才看见身下是无数纤毛细胞，配合着输卵管的蠕动，正在"嗨哟嗨哟"地奋力摆动着推着我向前滚去。

原来是纤毛们在帮助我离开输卵管。我这才想起来还不到休息时间，现在离开输卵管才是最重要的任务。我要离开这里可不是因为输卵管的原住民——纤毛细胞们——不好客，而是输卵管实在不适合我的生长发育。

要讲明白就得先说说这输卵管的构造。

输卵管是一对细长而弯曲的管道，内侧与子宫两角相连，外端游离，与卵巢接近，全长大约是 8 至 14 厘米。根据输卵管的形态可以把这里由内向外分

成 4 个部分。首先是间质部，这是通入子宫壁内的部分，长约 1 厘米；然后是峡部，位于间质部的外侧，管腔比较狭窄，我当初作为精子在进入输卵管时就有很多同伴在此阵亡，这一段"死亡隧道"长约 2~3 厘米；接下来就是壶腹部，也就是我现在待的地方，位于峡部的外侧，宫腔比较宽大，这部分长约 5~8 厘米；最后是伞部，样子很像一个漏斗，是输卵管的末端，长约 1~1.5 厘米，开口在腹腔，当初卵子就是从这里由卵巢进入输卵管的。

　　我的身体并不是一直维持现在的状态，很快就会长大，如果在间质部或者峡部生长，显然地方不够宽敞。那么壶腹部呢？虽说我现在所处的输卵管壶腹部宽是够宽啦，可终究不是久留之地。这原因嘛，

※　对于我而言，输卵管不亚于"死亡隧道"。当初作为精子在进入输卵管时就有很多同伴在此阵亡，现在，如果我不离开这里，这里依然会成为我的葬身之所。

又得从输卵管的构成说起。

输卵管壁一共分为3层：外层为浆膜层，是腹膜的一部分；中层由内环和外纵两层肌肉纤维组成；内层为黏膜层，由单层柱状上皮细胞组成。那些一直向着一定方向摆动，推着我离开输卵管的纤毛细胞就位于黏膜层上。黏膜层上还有不少分泌细胞，不断为我提供生长所需的食物。

虽说分泌细胞对工作勤勤恳恳，但输卵管最内层的黏膜太薄，分泌细胞的数量实在有限，所以能提供的营养也很少。如果我在这里安家，难免会饥肠辘辘。为了获得充足的养分，我就必须像沙漠植物一样，把"根"扎得很深。输卵管壁没有那么厚，可经不起这样的折腾，最终会被穿透，这就是人们所说的"输卵管破裂"。要是穿透了输卵管壁，那麻烦可就大了。输卵管肌层有丰富的血管，一旦血管破裂，出血量很大，短时间内就会导致妈妈休克，甚至会有生命危险。这种情况在输卵管壶腹部和峡部出现得最多。

还有一种情况也常发生在输卵管壶腹部。由于黏膜太薄，我不容易"抓"牢输卵管壁，一不小心就会从输卵管壁上掉下来。这种情况被称为"输卵管妊娠流产"。如果我是整个儿从输卵管壁上剥离，落入管腔，并经过输卵管逆蠕动被运送到腹腔，这叫做输卵管完全流产。这种情况下妈妈腹腔内出血一般不多。但如果我脱落得并不完整，还有一部分附着在输卵管壁上，就叫做输卵管不完全流产。这种情况可危险了，我那些残留的身体部分会继续生长，把根扎进输卵管壁里，使输卵管反复出血，形成输卵管血肿或输卵管周围血肿。输卵管的肌层很薄，

收缩能力很差，破裂的血管不易止血，血液就会积
聚在子宫直肠陷凹，形成盆腔血肿，甚至流向腹腔。

　　这两种情况如果发生，我一般是会随着血液排
到腹腔中去。这样一来小命当然是保不住的，会迅
速死亡然后被腹腔吸收。在极少数的情况下，我也
许会幸免于难，活得稍稍久一点，在腹腔中继续生长。
但这样的危险性不用我说大家也清楚，而且最终还
是免不了一命呜呼！

　　无论是对我还是对妈妈来说，这输卵管都不是
一个我适合居住的地方，那什么地方才是我定居的
最佳地点呢？

　　向上走，会到达卵巢。那里也不是一个适合居
住的地方。我要是在卵巢上定居，生长的过程中很
容易穿破卵巢的血管，导致妈妈出现大出血。

　　那么向下走有合适的地方吗？

　　我住的地方要够宽敞，能容纳我长大后的身体；
要够富饶，让我不愁吃喝；还要够厚实，不会一不
小心就破裂掉。我的要求虽高，但有一处刚刚符合
所有条件。说起来那个地方大家应该不陌生，当初
我作为精子闯关时就从中通过。那个绝妙的定居之
处就是——子宫。

　　子宫位于骨盆腔的中央，在膀胱与直肠之间，
形状好像一个倒置的梨子，前面略扁，后面稍突出。
一般来说子宫重量约为 50 克，长 7~8 厘米，宽 4~5
厘米，厚 2~3 厘米。子宫上端宽大稍圆且高出于输
卵管子宫口水平以上，这一部分被称为子宫底。中
间膨大部分叫做子宫体。子宫的下部狭窄而细长，
呈圆柱状，叫做子宫颈，子宫颈的末端突入阴道内，

※　为了获得充足的养分，
我就必须像沙漠植物一样，
把"根"扎得很深。

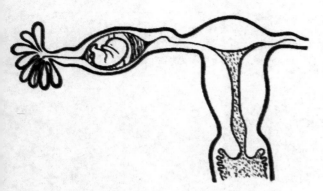

※ 宫外孕示意图。输卵管壁不是我理想的家园，如果不赶紧迁到新家，输卵管最终会被穿透。

※ 我住的地方要够宽敞，能容纳我长大后的身体；要够富饶，让我不愁吃喝；还要够厚实，不会一不小心就破裂掉。这个绝妙的定居之处就是——子宫，它就像一个倒置的梨子。

叫子宫颈阴道部。子宫体与子宫颈之间狭窄的部分叫做子宫峡部。子宫体内有一个三角形腔隙，称子宫腔，腔的上部与输卵管相通，下部与子宫颈相通。

子宫借助于4对韧带以及骨盆底肌肉和筋膜的支托作用来维持正常的位置。这四对韧带分别是阔韧带、圆韧带、主韧带和骶子宫韧带。阔韧带是腹膜皱襞的延伸，好像一对翅膀从子宫两侧伸出，直达骨盆壁上。这对"翅膀"能维持子宫位于盆腔的正中位置。子宫的动脉和静脉以及输尿管都是从阔韧带的底部穿过；圆韧带好像两条圆圆的绳索，从两侧子宫角的前面向前方伸展到两侧骨盆壁上，再穿过腹股沟，终止于大阴唇前端。这两条绳索有维持子宫前倾位的作用；主韧带，又叫做子宫颈横韧带，顾名思义，是从子宫颈两侧发出，连接到骨盆侧壁。这一对韧带是由平滑肌和结缔组织构成的，它们将子宫颈牢牢地固定住，决不会移动半分；骶子宫韧带是从子宫颈后上方向两侧绕过直肠达第2、3骶椎前面的筋膜，也由平滑肌和结缔组织构成，将宫颈向后上方牵引，有助于子宫保持前倾的位置。别看这四对韧带不起眼，但如果它们出现了问题，就会引发子宫位置的移动。子宫的体积也够大的，要是在腹腔中的位置有稍稍改变，就容易压迫到别的器官和神经，轻的可能引起腰酸背痛，重的会导致我在子

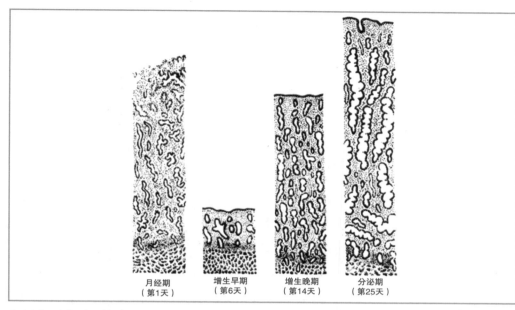

月经期
（第1天）　　　增生早期
（第6天）　　　增生晚期
（第14天）　　　分泌期
（第25天）

※　子宫内膜周期性变化图

宫里住不安稳，将来不能顺利分娩，有时甚至会流产。

子宫壁共分为三层，和输卵管壁一样，由外向内依次为浆膜层、肌层和黏膜层。浆膜层又叫做子宫外膜，它最薄，由单层扁平上皮和结缔组织构成，覆盖在子宫底及子宫的前后面，与肌层紧贴。这一层几乎和输卵管壁的浆膜层完全一样。但从肌层开始，输卵管和子宫的差距就体现出来了。子宫的肌层是子宫壁中最厚的一层，平均厚度就有0.8厘米，要是我定居下来，它的厚度还会增加到2.5厘米。这一层由平滑肌束以及弹性纤维组成，它又大致分为3层：外层多为纵行，内层是环行，中间一层是纵行和环行交织在一起，就像一层厚厚的弹簧垫子。这就比输卵管壁的肌层结实多了。子宫肌层的肌纤维在我定居期间会明显增肥，所以具有很大的伸展性，这是为我的居住而专门准备的，就算我长大也不会导致肌层的破裂。肌层中含有丰富的血管。子宫的

25

黏膜层也叫作子宫内膜，它由单层柱状上皮和固有层组成，上皮表面的腺体能够为我提供充足的营养。固有层也很厚，我可以安心在这里生长。

　　妈妈的子宫一直受到激素的调节。在排卵前，卵巢就会分泌雌激素，促进子宫内膜增厚、充血。当卵巢开始排卵后，雌激素和孕激素被大量分泌。在这两种激素的共同作用下，子宫内膜继续增厚，并变得柔软，内膜上的腺体也增长，分泌活动加强，螺旋动脉弯曲增生并充血，为我的入住和将来的发育准备条件。假如卵子没有和我们精子相遇并结合的话，接下来的几天，雌激素和孕激素的量会突然急剧下降，子宫内膜出现皱缩、螺旋动脉极度弯曲然后收缩，内膜表层血液运行停滞、缺血性坏死、剥脱，随后

螺旋动脉又突然短暂地扩张，使毛细血管急性充血，血液冲破坏死的内膜表面，和组织碎片一起被排出体外。当子宫内膜完全剥脱后，表面上皮又开始新生、修复，加上子宫肌肉的收缩与血液的凝固作用，出血停止。随后子宫内膜在激素的作用下，再次重复这种变化。这种子宫内膜因为周期性变化而伴随的周期性出血现象叫做"月经"。

不过现在这种情况不会发生了，因为如今我已经诞生了，只要能按时到达子宫，妈妈体内的激素量就不会再周期性变化，也就没有月经出现了。子宫壁会继续增厚，直到适合我居住的状态，然后维持这种状态到我长大、出生。

奇迹出现

QIJI CHUXIAN

妈妈为了我考虑得如此周到，我又怎能辜负她的期望。可是现在的我不像作为精子时有一条能活动自如的尾巴，完全不能自由运动。该怎么做才能离开输卵管到达理想中的家园呢？

好在有身下众多纤毛的帮忙。它们一致朝着子宫的方向摆动，并配合输卵管的蠕动，将我运送离开输卵管壶腹部。真是来时容易去时难，想当初从峡部进入壶腹部也就花了几分钟，如今要离开这里

※ 通往峡部的大门忽然打开一道小缝，奇迹出现了。

却花了我几乎整整一天的时间。

好不容易快来到输卵管峡部，我却发现原本就狭窄的峡部如今居然被肌肉完全封死了。这可怎么办啊？没有到达子宫的道路，难道就在这里被消化吸收掉吗？我虽然急得团团转，可真是一点办法都想不出来。我沮丧地待在壶腹部和峡部的交界处，希望能有奇迹出现。

30个小时过去了，通往峡部的大门忽然打开一道小缝。看来天无绝人之路，这句话真不是古人瞎掰的。我一跃而起，眼看着缝隙越来越大，一条足以让我穿过的通道出现在面前。

原来峡部的肌肉受到神经和一些受体的调节，当雌激素水平高时，某种受体的活动加强，使得峡部肌肉收缩，从而导致了通往子宫"大门"的关闭。如今孕激素水平逐渐上升，另一种受体的活动慢慢加强，峡部的肌肉受到调节，"大门"就打开了。

我赶紧配合着输卵管的蠕动和纤毛的帮助进入峡部，一步一步向着子宫进发。

除了纤毛细胞的帮助，输卵管液也时不时给我搭上一把手。

输卵管液通常是从腹壶部流向腹腔，但在我要进入子宫的时候，液体向子宫与输卵管连接处流动的现象非常明显，我就像坐水滑梯一样被这些液体推动着朝子宫前进。

一路上，妈妈体内的孕激素还不断促使输卵管上皮细胞分泌营养性液给我补充体能，要按时到达子宫，应该没有问题。

变成 "桑葚果"

BIANCHENG SANGSHENGUO

　　除了配合迁徙行动，我自个儿也一直没歇着，不断地吸收营养和氧气。这可不是因为我贪吃，而是在为体内悄悄进行的 DNA 的复制和蛋白质的合成提供原材料。什么？你说这么早就开始储备过冬粮？真是没见识，这是为我将要进行的分裂作准备呢。

　　我的身体要长大，靠的并不是目前这一个细胞的无限膨胀，而是由一个细胞不断分裂产生新的细胞。新产生的细胞很快又加入到分裂的大军中，如此持续。这种分裂方式叫做"有丝分裂"，它与精子和卵子产生时发生的分裂有很大不同。

　　前面我已经介绍过自己作为精子时是依靠"减数分裂"以保证精卵融合后的受精卵细胞内染色体数目与正常体细胞中相同。也就是说染色体复制一次，而细胞分裂两次，使身体中的染色体数目为正常体细胞中的一半。而我现在进行的分裂是染色体复制一次，细胞分裂一次。这样一来，携带遗传信息的染色体就被平均分配到两个子细胞中去。这样的分裂方式保证了将来我的身体中各处细胞内的遗传物质完全相同，从而维持了遗传的稳定性。

　　有丝分裂的过程被人们划分成前、前中、中、后、末、胞质分裂共六个时期。

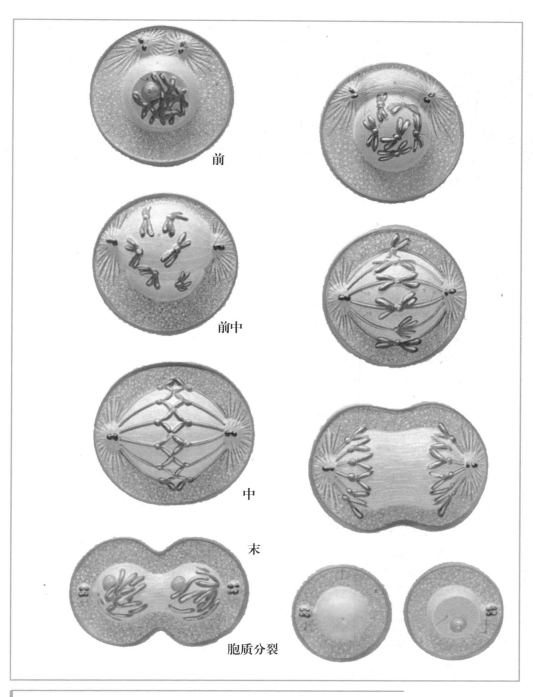

前

前中

中

末

胞质分裂

※　有丝分裂示意图　一般在受精后 24 小时就开始第一次有丝分裂。

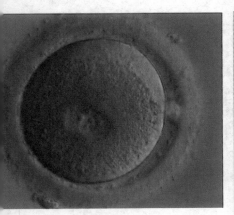

受精卵

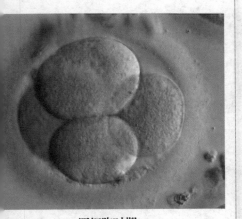

四细胞时期

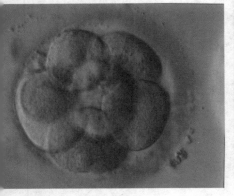

八细胞时期

※ 受精卵分裂示意图

在前期，我身体中携带遗传物质的染色质逐渐凝集在一起，就像几条细线被折叠然后拧在了一起，变得粗短。虽然本质没有改变，但却改名叫做"染色体"。每一条染色体由复制的两条完全相同的染色单体构成。在染色质凝集过程中细胞核的核膜逐渐消失。细胞中两个小小的，被称为"中心体"的装置移动到细胞核的两极，并开始向染色体发射由蛋白质组成的纺锤丝。

接下来就进入了前中期。中心体发射的纺锤丝像一簇簇的射线，又像一条条触手，慢慢增长，向染色体伸去。一旦捕获了染色体，它们就不会松手了，把各自抓住的染色体向两极拉去。

染色体被纺锤丝拉扯着排列到细胞的中央排成一行，这个时期被划分为中期，它是观察染色体的最佳时期，可以清楚地看见所有染色体都高度凝集，乖乖地排列在细胞中央。

不过这一时期持续的时间非常短，很快就进入了有丝分裂的后期。

每一条染色体由复制的两条完全相同的染色单体构成。后期就是这两条完全相同的染色单体分开并移向细胞两极的时期。由于特殊信号的诱发，使每条染色体的联结点突然分裂开，接着所有染色单体以大约每分钟1微米的速度被纺锤丝拉动着向细胞两极移动。一般来说这个阶段持续的时间也不长，仅仅几分钟而已。当分开的染色体到达两极时，后期就结束了。

染色单体移动到两极后就开始形成两个子细胞。这一时期就是末期。

在末期互相分离的染色单体到达细胞两极，纺锤丝与染色体的联结点消失。原本凝集在一起像短棍状的染色体开始解凝集，重新恢复成长长的细丝。围绕着染色单体周围的小泡融合成为核膜，将染色体包裹起来。随着子细胞核的形成，核内出现新的核仁，

※ 72 小时后，我的身体已经分裂成 16 个细胞，样子就像一个桑葚果实，所以人们把现在的我叫做"桑葚胚"。

这时有丝分裂就完成了。

遗传物质已经被平均地分到两个细胞当中，细胞质和细胞器，还有其他一些蛋白等物质也需要平均分配一下。这个最后的收尾工作被称为胞质分裂。胞质分裂过程通常在中后期开始出现。这个过程很像捏橡皮泥。细胞中央由一些蛋白形成收缩环，在两个新形成的细胞核之间向内收缩形成分裂沟，分裂沟逐渐加深，直至与两核之间的纺锤体只有狭窄的剩余部分相连，这个狭窄的部分叫做中体。中体持续一定时间，然后收缩环进一步变窄，最终消失，形成完全分离开的两个新细胞。

分裂的步骤虽然看起来不少，但所需的时间并不长。一般在受精后 24 小时就开始第一次有丝分裂。我的身体一分为二。

接下来的分裂平均每 12 小时进行一次。细胞数由二变四，由四变八。

72 小时后，我的身体已经分裂成 16 个细胞，样子就像一个桑葚果实，所以人们把现在的我叫做"桑葚胚"。

前几次的分裂只是增加我的细胞数量，而总的体积并没有发生变化。我的整个身体也仍然被包裹在透明带中。因为这会儿我还在狭窄的输卵管中穿行，如果不保持身材，被卡住可就不妙了。

黄金地段与黄道吉日

HUANGJIN DIDUAN YU HUANGDAO JIRI

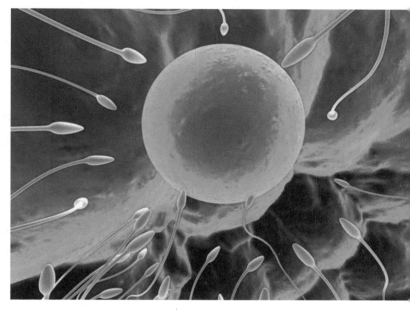

花了大约两天时间穿过狭窄的输卵管峡部，我在受精后的第四天终于来到了子宫。

子宫虽然够宽敞，但到处是虎视眈眈的白细胞。它们可不是好惹的，尽忠职守全力抓捕入侵者，一有发现就会迅速将来者吞吃掉。我当初是作为外来侵入者进入子宫，没少受惊吓。可如今身份大不一样了。自从和卵子融合以后，我就是自家人了。我现在的身体表面携带有白细胞能识别的标志。有了它们，白细胞就会对我和颜悦色。

虽说已经到了子宫，可这个地方对我来说真是太大了。累了这么多天，我倒挺想随便找个地方先歇歇脚，可听说这安家的位置决不能马虎，要是偷一时的懒，随随便便把家安在了什么子宫颈内口附近，将来就会形成前置胎盘，分娩时会大大地不妙，很容易发生难产或大出血，等等。要为将来考虑，

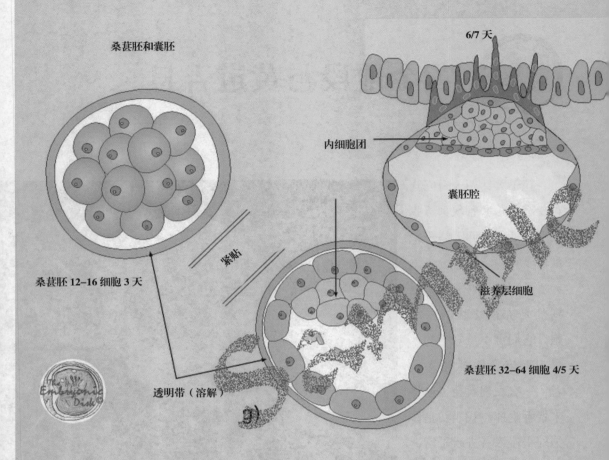

桑葚胚和囊胚

6/7 天

内细胞团

囊胚腔

滋养层细胞

桑葚胚 12–16 细胞 3 天

紧贴

桑葚胚 32–64 细胞 4/5 天

透明带（溶解）

※ 从桑葚胚到胚泡

最好还是把家安在子宫体后壁的中上部。罢了，要休息也不在这一时嘛。我打起精神一边寻觅着合适的地点，一边继续分裂。当我的身体分裂到20到30个细胞时，由于外面一圈的细胞分裂比较快，而内部的细胞分裂较慢，我原本实心的身体中就开始出现空隙。这个充满液体的腔体越来越大，我也因此有了一个新名字——胚泡。内外层细胞之间也不再像原来一样完全相同，而是开始出现形态差异并分化。外层的细胞叫做"滋养层"，由紧密连接的单层细胞构成。这一层细胞会直接参与我的定居过程。

在子宫里溜达了两三天，也该定居下来了。我看准的黄金位置在子宫上部三分之一处。这是最适合入住的黄金三角区，我选的地方不错吧。

光看好位置还不行，得认真计算一下开工的时间。你别说我迷信，还讲究什么吉时之类，因为时间不对而不能顺利入住的情况可没少发生。新家开工的时间和我的发育状态必须与子宫内膜的生理变化等精确同步，以保证入住的一切顺利。这时候距离我受精完成已经七八天了，此时子宫内膜在雌激素和孕激素的作用下处于分泌期，刚好是我定居的最佳时期。

在孕激素和雌激素的共同调节下，子宫内膜的基质细胞增大，这些细胞可以在我入住的早期为我提供营养。子宫中的腺体也变得肥大，开始大量分泌。它们主要分泌的是一种黏多糖，这可是我最爱吃的食物。与此同时，内膜中的血管也在为我的植入做好供血的准备。血管迅速生长增长，还变成弯弯曲曲的螺旋状，以便为我提供充足的"饮料"。同时间质细胞分裂活跃，还分化成蜕膜细胞样细胞，为着床后形成胎盘作准备。整个子宫内膜变得更厚，子宫内膜细胞中的 DNA、RNA（它是存在于细胞质中的遗传物质，与 DNA 双链中的一条链互补，蛋白质就是以它为模版合成的）和蛋白质合成加快，许多酶的活性也有所增加。这些变化全都有利于我的植入以及将来的发育。要是现在从电子显微镜里观察，可以清楚地看见子宫内膜的表面发生了巨大变化。子宫内膜上形成许多小指头样的突起，好像伸出的许多只小手。这些小手可以帮助我黏附到子宫内膜上。

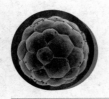

营造"家"的感觉

YINGZAO JIA DE GANJUE

我的新居——子宫内膜——在发生一系列变化准备迎接我入住,我也开始舒展身体为定居作着最后准备。

可子宫这地方不是说住就住,一切都得按这里的规矩来办。

要进大厅,首先就得脱掉我的透明外衣。

子宫中的液体里含有一些水解酶,它们消化了包裹我的透明带。这下整个身体都舒畅了,我身体外层的滋养层细胞完全暴露出来,不仅可以无拘无束地生长,还能直接从子宫内膜分泌的液体中吸收营养,别提多爽了。

脱掉透明外衣后,我身体滋养层细胞表面的糖蛋白就可以被子宫内膜所识别了。那些小手一样的突起与我的滋养层细胞上的绒毛状突起交错衔接,将我吸附粘贴到子宫内膜表面。我的身体中还会产生CO_2气体,这些气体进入子宫内膜的微血管中,使得滋养层细胞和内膜上皮细胞表面的黏蛋白更加富有黏性,加固我与子宫内膜的黏着。滋养层细胞分泌出一种蛋白水解酶,使接触部位的内膜上皮局部溶解和破坏,出现一个大约1毫米的缺口,因此我才能侵入内膜基质内,从中吸取营养。我身体最外部

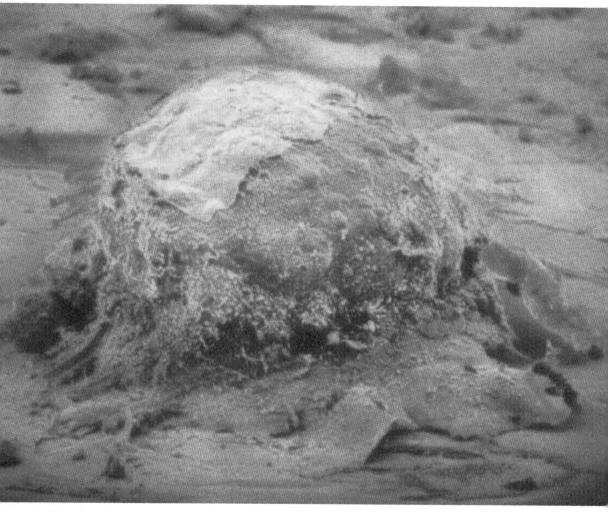

侵入内膜的滋养层细胞迅速分裂增殖，最终分化为两层，内层为细胞滋养层，由较大的多边形细胞构成。外层细胞逐渐融合，形成大量的多核巨细胞，这一层叫做合胞体滋养层。我不断侵蚀和消化子宫内膜基质，挖开一个足够大的坑，把自己的身子埋了进去。俗话说，好吃不过饺子，舒服不过躺着。我舒展舒展身体躺在挖开的小坑里，满足地叹了口气。小坑周围的子宫上皮细胞分裂加快，新生成的细胞像被子

※　着床图片
　　我不断侵蚀和消化子宫内膜基质，挖开一个足够大的坑，把自己的身子埋了进去。

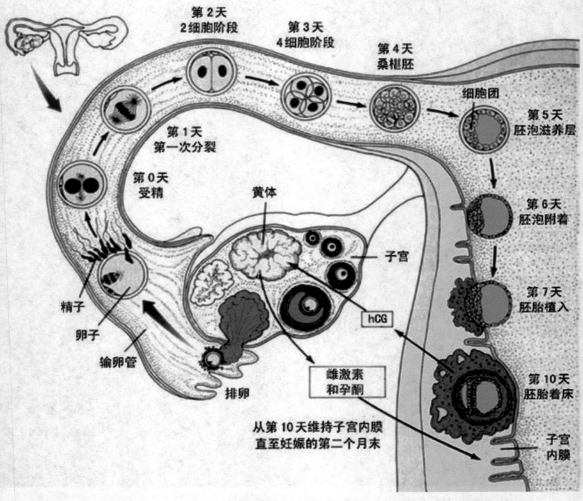

第2天
2细胞阶段

第3天
4细胞阶段

第4天
桑椹胚

细胞团

第5天
胚泡滋养层

第1天
第一次分裂

第0天
受精

黄体

子宫

第6天
胚泡附着

hCG

第7天
胚胎植入

精子

卵子

输卵管

排卵

雌激素
和孕酮

第10天
胚胎着床

从第10天维持子宫内膜
直至妊娠的第二个月末

子宫
内膜

※　着床全过程。

一样慢慢填好缺口，盖在我身上。这层被子足够厚实，可以很好地保护我不受伤害。

我埋进子宫内膜的过程，在医学上就叫做着床，也叫植入。

由于着床的刺激和子宫内膜上一些组织溶解时产生组织酶的作用，子宫内膜进一步增厚，血液供应更加丰富，内膜上的腺体分泌也更加旺盛。间质

细胞不断增肥，胞质中含有丰富的糖原颗粒，形成
蜕膜细胞，这一系列的变化就叫做称蜕膜反应。此
时的子宫内膜被人们称为"蜕膜"。

　　着床的过程一共持续了好几天，在我变成受精
卵后的第 11 到 12 天终于大功告成。着床以后，滋养
层向外长出许多指状突起，人们把这些突起叫做绒
毛。绒毛逐渐发育，最后会分化形成胎盘。我生长所
需要的营养全是通过滋养层直接从妈妈身体的血液中
吸取。

　　现在子宫内膜上形成了一个小小的突起，这里
就是我的新家。

■一分钟了解受精卵安营扎寨过程

　　受精卵形成后，由输卵管转移到子宫中进行胚
胎发育。受精卵即合子，在受精后还要经过 3~4 天
的"蜜月"旅行才能从输卵管到达子宫。在此过程中，
受精卵开始了"有丝分裂"，它与精子和卵子产生
时发生的分裂有很大不同。染色体复制一次，细胞
分裂一次。这样的分裂方式保证了未来新生命中各
处细胞内的遗传物质完全相同，从而维持了遗传的
稳定性。72 小时后，原来的受精卵已经分裂成 16 个
细胞，样子就像一个桑葚果实。

　　此时的子宫内膜在雌激素与孕激素的作用下，
经过精心布置，像一个温暖舒适的宫殿。受精卵经
过卵裂后形成人的胚泡，它能分泌一种蛋白分解酶，
侵蚀子宫内膜，使受精卵植入其中，这在医学上叫
做"着床"，从此怀胎。

PART3

第3章

同一屋檐下

　　本以为可以独霸子宫，舒舒服服地长大，没想到老天爷存心不让我放松，隔壁居然住进了同胞！我们是异卵双胞胎，由两个不同的受精卵发育而来，自然没什么交流。不过由同一个受精卵发育的同卵双胞胎也不见得就比我们亲热。我们不仅要争夺养分和地盘，而且我们面对的危险也比只生一个大得多。人们都说外面的世界生存压力大，可我看这人体内的世界生存压力也小不到哪里去啊。

住在我隔壁的兄弟

ZHUZAI WO GEBI DE XIONGDI

　　我正四仰八叉躺着，吃吃点心，喝喝饮料，却忽然听见门外一阵响声。这是怎么回事，难道子宫里也要搞大装修？我忍不住探头朝外张望。不看还好，一看差点惊得跳起来：一个兄弟正在我隔壁盖新房呢！

　　这可真是小溪流碰到小河流。没想到咱们也有会师的一天！

　　一般说来妈妈每月排卵一次，每次只有一个卵子被允许进入输卵管与我们精子相遇。可有的时候机缘巧合，有卵子能偷偷溜出卵巢，也进入输卵管。要是她们姐妹俩都遇上了我们精子兄弟，并且都能顺顺利利地受精然后在子宫安家，那么就会发育为两个胚胎，最后诞生两个新生命，也就是人们所说的异卵双胞胎。

　　虽然我俩同在一个屋檐下生长，但却联系不多，差异不少。这倒不是因为我们相互看不顺眼，而是实在没有机会交流。

　　我们是两个完全不同的受精卵，食物供应、生活环境都各有各的一套体系。子宫里不让随便串门，我们也只能相望不相亲。要想交流感情？那得等到十个月以后再说了。

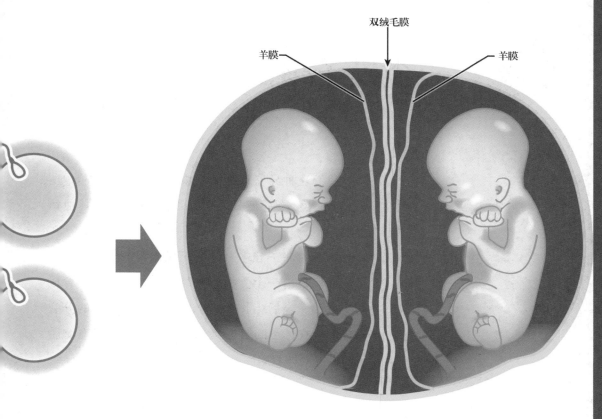

双绒毛膜

羊膜　　　　　　　　　　　　　　　　　　　　　羊膜

双卵双胎
（双绒毛膜，双羊膜腔）

除了各有各的住处和食物来源，我们的性格、喜好、长相等都不同，甚至性别也有可能不同。简单来说，我们之间的联系就和普通的兄弟姐妹一样，唯一的区别只是同时在妈妈的子宫内成长而已。有时异卵双胞胎中的一个因为羊水破裂或其他情况而提早出生，另一个还能通过安胎或子宫颈扎环手术而待在妈妈肚子里，直到足月出生。据说目前存活的，生日差距最大的双胞胎，竟相差达49天以上！你瞧，这可是我们"各自为政"的证据啊。

※　异卵双胞胎
　　子宫里不让随便串门，我们也只能相望不相亲。要想交流感情？那得等到十个月以后再说了。

一个模子刻出来的

YI GE MUZI KECHULAI DE

我们这种异卵双胞胎的情况在所有双胞胎中所占的比例大约是三分之二，那么还有什么其他情况呢？

剩下的那三分之一的情况就比我们要亲密得多了。他们是由一个受精卵在某种情况下分裂发育成两个胚胎，最后生长为两个新的个体。这样的分裂通常发生在怀孕的第 1 到 14 天，由此产生的双胞胎就叫做"同卵双胞胎"。

※ 双胞胎形成及其类型。

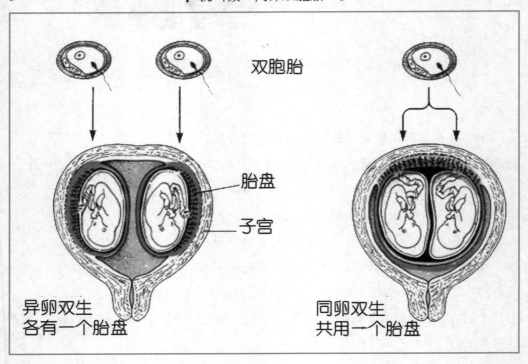

双胞胎

胎盘

子宫

异卵双生
各有一个胎盘

同卵双生
共用一个胎盘

由于是同一个受精卵发育而来，所以分裂形成的两个新生命具有相同的遗传物质，那将来他们就会有完全相同的性别、外貌，简直就是一个模子里刻出来的，有的时候连父母都难以分辨出他们的区别。不仅外形相似，而且血型、智力、性格和某些生理特征都一样。有的时候甚至患上某些疾病的概率等

※　奇妙的双胞胎。

你知道吗？

双胞胎的类型

同卵双胞胎有三种类：第一种是从受精卵分裂发育出两个胚泡，它们分别植入，那么这两个胎儿就会有各自的羊膜腔和胎盘；第二种情况是受精卵发育成胚泡，但是胚泡内的内细胞群分裂成两个，这两个内细胞群各自发育成一个胚胎，它们有自己单独的羊膜腔，但共用一个胎盘；第三种情况是受精卵已经发育到胚盘阶段，但一个胚盘上出现了两个原条和脊索（什么是胚盘、原条和脊索后面我会详细说给大家），发育为两个胚胎，这样两个胚胎就位于同一个羊膜腔内，也共有一个胎盘。

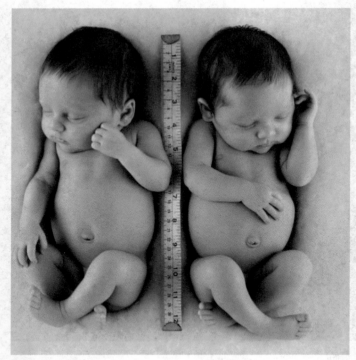

都很一致。更有意思的是，同卵双胞胎往往是"对称"的，例如，双胞胎中的一个发旋在头顶的左边，那么另一个的发旋肯定在头顶的右边；如果一个是左利手，另一个一般就是右利手；一个左边有痣，另一个就会在右边有痣……双胞胎站在一起，就像照镜子一样，所以人们把这种现象叫做"镜影现象"。

这种有趣的现象是受精卵的分裂造成的。受精卵中的各种物质以纵轴为中心呈对称分布状态，而受精卵的分裂恰恰也是纵向分裂，所以形成的这两个新的细胞也就形成了镜像对称。可以这么说，如果发育正常的话，这两个双胞胎本来应该是一个人的左右两边，但现在却被"剖"成了两半，每一半

你知道吗？

如何区分你见到的双胞胎是同卵双胞胎还是异卵双胞胎？

1. 看性别
性别不同肯定是异卵双胞胎。
性别相同还需进一步区分。

2. 看相貌
相貌非常相似就是同卵双胞胎了。
长得不太像多半是异卵双胞胎。

3. 其他
体征检测、血型鉴定、DNA 鉴定。

各自发育成一个个体，自然就是左右对称的。

　　虽然同卵双胞胎刚出生时几乎完全相同，但人们总能找出他们之间的差别，尤其是随着年龄慢慢增长，他们之间的差异也会越来越大。这种改变应该是平时接触的化学物质、饮食习惯和其他环境因素共同作用的结果。生活总是在潜移默化中改变着人们。环境和生活方式的差异会导致体内发生一些化学反应，这些化学反应有的会作用在 DNA 或者一些重要蛋白上，这就导致了双胞胎之间的差异。这些差异慢慢积累起来，越来越显著。所以年龄越大，双胞胎之间的不同点就越来越多。同样，如果双胞胎在截然不同的生活环境中长大，或是有完全不同的生活方式的话，那他们之间的不同也就越多。

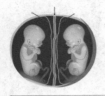

过一把扮演"上帝"的瘾

GUO YIBA BANYAN SHANGDI DE YIN

你知道吗?

◆ 黑人生双胞胎的概率是最大的，而我们黄种人却是最小的。

◆ 我们见到的双胞胎大多是异卵双胞胎，同卵双胞胎的情况非常偶然。

◆ 服用促排卵药物或激素双胞胎、多胞胎概率比较高。

◆ 环境污染、压力增大、电磁辐射、营养过剩等因素导致女性内分泌紊乱也容易促生双胞胎和多胞胎。

双胞胎在新生的宝宝中所占的比例在世界上各个地区有所差异。黑人中双胞胎的比率最高，能达到 12‰~16‰，尼日利亚的双胞胎比例甚至可以高达分娩妇女数的 40‰；其次是白种人，大约占 8‰；最低的就是我们黄种人了，仅为 4‰。这种比例差异主要是由我们这样的异卵双胞胎造成的。这是因为同卵双胞胎的出生概率基本上不受环境、人种、不同时期以及妈妈体内激素的影响，纯粹是偶然发生的现象。同卵双胞胎的出生率在全世界各地都恒定维持在每 1 000 个人中 3 到 4 对。与同卵双胞胎相比，异卵双胞胎的出生率受到了多种因素的影响，不仅各地区比例不同，不同的时期比例也有差异。就拿现在来说，各地的异卵双胞胎出生率就普遍呈上升趋势。那么到底异卵双胞胎的出生率和什么有关呢？

首先，异卵双胞胎与家族遗传的关系很密切，尤其与妈妈关系密切。如果妈妈自己就是双胞胎之一，那么她生双胞胎的概率就会提高很多。另外，随着妈妈年龄的增大，生出双胞胎的概率也会增加。荷兰的一些科学家就此进行了一项研究，一共调查了500 多名妇女，最后认为随着妇女年龄增长，体内的卵泡刺激激素浓度会有所上升，从而引起卵巢的一系列变化，促使妇女在同一时间内排出两个卵子，这时，如果受孕的话，就容易产下异卵双胞胎。如今很多女性由于种种原因而推迟生育，这就使得生出双胞胎的现象比较容易出现。此外，如果妈妈生育次数较多的话，生出双胞胎的机会也比普通人大。这和前面一样，都是因为生出异卵双胞胎的概率是与妈妈体内的激素水平相关而造成的。为什么非洲，尤其是尼日利亚的妇女生出双胞胎的比例最高，就是因为她们的食物结构和居住环境导致体内某些激素的大量分泌而造成的。

　　在治疗一些疾病时，如果使用了促进排卵的药物或者促进性腺激素分泌的药物，也会促使卵巢排出两个甚至两个以上的卵子，所以在服用这些药物的人群中就很容易出现生出双胞胎，甚至三胞胎的情况。听说如今外面

世界的工作和竞争压力都很大，环境又受到污染，还有电脑辐射，再加上营养过剩等等一系列客观因素的影响，很容易导致妈妈们的内分泌系统出现紊乱，有的时候就会发生多排卵的现象，这也是形成双胞胎或多胞胎的一个原因。

　　要是使用现代的试管婴儿技术，就更容易产生

※　双胞胎在新生的宝宝中所占的比例在世界上各个地区有所差异。其中，黑人中双胞胎的比率最高，能达到12‰ ~16‰。

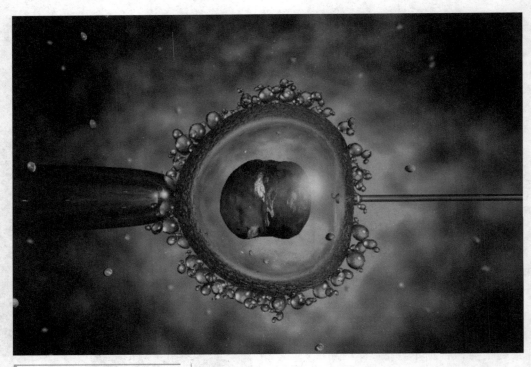

※ 显微授精图。

你知道吗？

全球多胞胎生育率最高的国家

人口专家一致认为，尼日利亚是全球多胞胎生育率最高的国家之一，这种现象在尼日利亚西南部地区尤为明显。研究员们在 1972 年至 1982 年间进行的调查记录表明，在尼日利亚西南部，每降生 1000 名婴儿，其中平均有 45 对至 50 对双胞胎。这是欧洲或美国的双胞胎生育率的 4 倍！

双胞胎或多胞胎了。所谓的"试管婴儿"是通过药物刺激妈妈的卵巢，促进妈妈卵巢中的卵子发育，然后将卵子取出，在体外进行人工授精，再将发育到一定程度的胚胎移植到妈妈的子宫里孕育。一般情况下时取出卵子与精子共培养，再挑选出受精卵，可要是精子的状态很差，没办法让卵子受精该怎么办呢？聪明的医生们总会想到办法。要是精子活力不够的情况下，可以通过显微授精的方法将精子直接注入卵子中。医生们在操作的过程中，为了保证受孕，一般都会多选几个卵子进行受精，最后挑出最好的植入妈妈子宫内。这样一来，生几个就是医生说了算。

现在很多父母都希望能生出双胞胎，他们采用的方法可谓是五花八门。

最常用的就是服用促排卵药物了。促进排卵的药

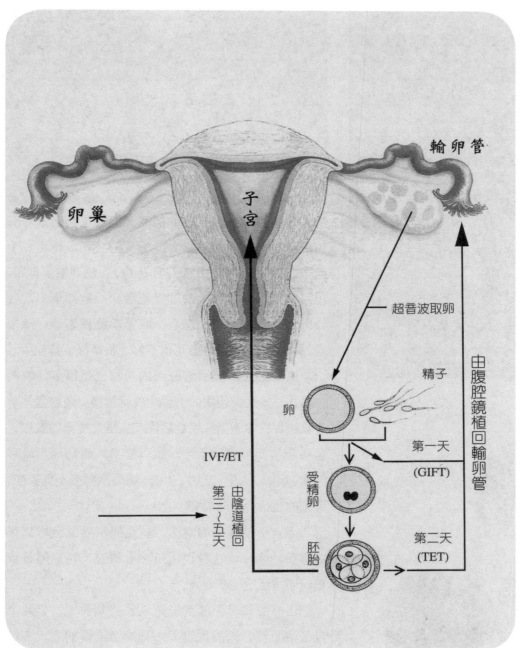

輸卵管

卵巢

子宮

超音波取卵

精子

卵

第一天

(GIFT)

受精卵

第二天

(TET)

胚胎

IVF/ET

由陰道植回
第三～五天

由腹腔鏡植回輸卵管

※ 试管婴儿制造示意图

　　医生们在操作的过程中，为了保证受孕，一般都会多选几个卵子进行受精，最后挑出最好的植入妈妈子宫内。这样一来，生几个就是医生说了算。

小知识点

试管婴儿知多少

体外受精、胚胎移植技术 (IVF-ET)，是指精子与卵子在体外受精，经人工培养，当受精卵分裂成 2~8 个卵裂球时，再移植到母体子宫内发育直到分娩。由于这个过程的最早阶段是在体外试管内进行的，俗称试管婴儿。IVF-ET 技术于 1974 年在英国首先建立，1978 年 7 月在英国剑桥诞生了世界上第一例试管婴儿，1988 年 3 月在北京医科大学三院诞生了我国第一例试管婴儿。

你知道吗?

多胞胎世界纪录

1971 年 7 月 22 日，意大利妇产科医生蒙坦宁博士，从一位 35 岁妇女的子宫中剖取 10 女 5 男计 15 个胎儿，这是一胎生育最多的世界纪录，但由于胎儿体重太轻，全部没有存活。另一名巴西农妇名叫莎达路，于 1964 年 4 月 20 日一胎生下 8 男 2 女计 10 胎。这 10 位兄弟姐妹个个活泼健康，现在全都满 30 岁并成家立业，成为世界上多胎一次存活的最高纪录。

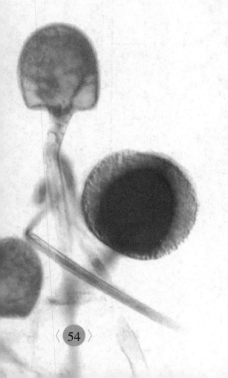

物的确会提高生双胞胎的概率，但是这会造成对身体的损伤。一般的健康女性每月只会固定排出一个卵子，如果人为地使用促排卵药物，促使卵巢多排卵，很可能会因为对卵巢的过度刺激而导致卵巢出现各种问题，例如头晕、恶心、肝肾功能损害等。除了对妈妈的伤害，这对胎儿也不好，很难保证其健康。

服用促进性腺激素分泌的药物也是很多妈妈的"秘技"。这类药物的主要功效就是能促使脑垂体前叶分泌促性腺激素，用药后能产生诱发排卵的效用，这些药物如果服用不当，很可能出现腹部痛、乳房肿痛、恶心、头晕、乏力、皮疹、视力模糊等不良反应，严重的还可会导致癌症。

还有一种有趣的说法，就是服用叶酸会增加怀双胞胎的概率。这种说法虽然有研究支持，但是否正确还需要进一步研究。

还有的父母干脆就采用试管婴儿技术，生几个自己说了算，人类也过了一把扮演上帝的瘾。不过这"上帝"可不是好当的，多生并不能算什么好事。你问我为什么？别急，下面就是原因。

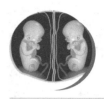

消失的另一半

XIAOSHI DE LINGYIBAN

双胞胎的出生率很低，但按照科学家和专业人员的统计，如果算上那些胎死腹中的双胞胎，人类双胞胎的比率可能为1∶20。也就是说大部分的双胞胎之一会在怀孕过程中消失。这是怎么回事呢？

每个人在妈妈的子宫中等待出生时，旁边都可能有着兄弟姊妹的陪伴。很多妈妈在刚怀孕时进行超声波检查都确定是双胞胎，但很快一个胎儿就消失了。要是在出生后进行胎盘检查，会发现胎盘上有一个胎儿留下的印记。如果夭亡的胎儿已经有完整的身体，甚至可以在胎盘上看见细细的骨骼痕迹。即使胎儿在更早的时候消失，也会在胎盘上留下包囊或厚厚的印迹。这是因为那些夭亡的胎儿会被身体吸收，只留下胎盘上的痕迹作为他们曾经存在过证据。

这一切都是自然界女神的所为。自然女神是严酷的，她只允许最优秀的生命存活下来。从我还是精子时就体会到了这一点。为了考察一个新生命是否合格，她在生命诞生的道路上设置了一重又一重的障碍。生双胞胎或多胞胎的危险比只生一个大得多，为了争夺生存的权利，我们只能同室操戈，而这样做的结果就是优胜的胎儿在最好的条件下生长。

虽然我希望将来有很多兄弟姐妹陪伴，可现在

你知道吗？

◆大部分双胞胎之一会在怀孕过程中消失，这是自然选择的结果。动物界这种同室操戈的情形更是比比皆是，触目惊心！

◆一胞多胎的畸形发生率要远远高于单胞胎。

※ 椎齿虎鲨图
它们在子宫里就开始相互残杀，争夺唯一的生存权。

要我来选择的话，我还是希望能一个人霸占子宫。我知道这样说很自私，但这也是没办法的事。

生命是极残酷的。这样的自私行为不仅仅是对我们人类而言，整个自然界都遵循着"自私"的法则。澳大利亚的灰色护士鲨是一种样貌凶猛，但性格温驯的鲨鱼。但就是这种性格温驯的鲨鱼，它们的胚胎在子宫内就开始自相残杀。护士鲨的幼胎在发育早期阶段就长出了下颚和剃刀般锋利的牙齿，这些都是同胞相残的武器，专门用来咬食子宫内的兄弟姐妹，使自己能独霸食物，发育得更大更快。每只护士鲨有两个子宫，幼胎间自相残杀的结果是每个子宫内最后仅有那只最为凶猛的幼胎存活下来。锥齿虎鲨的胚胎在长约 100 毫米时就能捕杀子宫里的其他胚胎。当它们将其他的胚胎吃光之后，体长可以达到 300 毫米。骨肉相残就是为了加快自己在子宫里的生长速度。出生后，它们不必借助父母的帮助就可以自己捕鱼了。除了鲨鱼，其他物种也在用自己的方式挑选优胜者。鹰从小就接受最残酷的竞争，通常情况下鹰都生两枚蛋，孵化后老鹰便让两只幼鹰争夺食物，直到一方失败而死去。生命总是以自私的方式出现，但从某种意义上说正是这种自私，才使生命有了进化的动力。人们都说他们生活的社会生存压力大，可是和自然界比起来，甚至和这人体内的世界比起来，都是"小巫见大巫"了。

拿同卵双胞胎来说吧，两个胎儿的血管是相互贯通的，所以他们之间的血液是共用的。这种情况下如果一个胎儿生长较快，那么他获得的供血就多过另一个胎儿。获得血液多的胎儿就会长得很大，而另一个过度贫血，生长迟缓，长得很小。小的那一个往往会因为营养不良或并发症而死，简单地来说就是被活活饿死。这也是为什么双胞胎最后只剩下一个的重要原因之一。

异卵双胞胎的情况也好不到哪里去。虽然不是共用一个胎盘，血管也不相通，但毕竟妈妈能为我们提供的营养有限，如果兄弟姐妹齐上阵，一份食物多人分，总会有人吃不饱。而且子宫也不能无限扩大，住的地方不够大，我们有时只能提前面对外面的世界。营养不良加上提前出生，这引起的麻烦可小不了，假如有什么差错我们就会"呜呼哀哉"了。就算勉强活下来，体质也肯定比不上普通人，我可

你知道吗？

什么是寄生胎

当子宫内缺乏空间的时候，一个胎儿可能会长入另一个胎儿的体内，形成寄生胎。这非常罕见，在 50 万个新生儿当中仅可能有一例。寄生的胎儿往往有较完整的身体，能在自己兄弟或姐妹体内存在很长时间，甚至达到几十年！

MonstroIa hois forma.

※ 连体双胞胎

不希望一出生就输在起跑线上。

还有一种情况更可怕，那就是出现畸形。同卵双生的双胞胎在分裂的时候如果受到某些因素的干扰，导致受精卵分裂不完全，就会造成细胞相连，那么发育成的胚胎也会连在一起，也就是人们常说的连体婴儿。这是一种十分罕见的先天畸形，一般在 5 万到 10 万次怀孕中才有一例发生。虽然发生率不高，但死亡率却不低。大多数连体胎儿在胚胎期就死亡了，能分娩下来的只有 20 万分之一。

除了这种情况，其他畸形比如内脏缺损、四肢缺失，或者身体变形等都有可能发生。你想想，要在子宫这个不大的空间里挤上两个甚至更多同胞，你伸伸手我蹬蹬腿，一个不小心就会压迫到别人，再加上子宫内本身的压力，很容易导致畸形。这可不是我危言耸听，据世界卫生组织统计，单胎畸形的发生率是 1.4%，双胞胎就升高到 2.71%，而 3 胞胎竟高达 6.9%！

你知道吗？

连体婴儿分离手术知多少

世界上最早的有文献记载的连体婴儿手术，发生于 10 世纪的古罗马城市拜占庭，当时是对一对腹壁相连的连体婴儿进行分离手术，手术中一名婴儿死亡，另一名术后不久也死亡。最早有具体医学记录的连体儿分体手术发生在德国，主刀医师名叫科尼格，手术时间是在 1689 年。目前，全世界约有 200 例连体婴儿分离成功，其中 90% 集中在 20 世纪中期以后。随着医学技术的不断发展，连体双胞胎的分离手术成功率越来越高。到目前为止，我国已经成功进行了 10 多例连体双胞胎的分离手术。

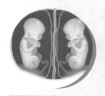

妈妈的痛苦

MAMA DE TON

　　除了我们要面临危险，妈妈也很不好受。一个子宫里要挤上两个甚至更多孩子，光想想就觉得头大。妈妈的子宫会明显比只怀一个孩子的子宫大得多，这在妊娠的后期会带来很多麻烦。过度增大的子宫会严重压迫腹腔甚至胸腔中的其他器官。在其他孕妇身上出现的妊娠反应在妈妈身上都会更加严重，例如呼吸困难、下肢浮肿等，患上其他并发症的概率也增多了，如双胞胎孕妇患妊娠高血压的机会就升高到普通孕妇的 4 倍左右！

　　除了妊娠期要忍受比别人多一倍的痛苦，分娩时也好受不了。因为子宫过度膨胀，肌肉纤维过度拉伸，会失去原有的弹性，分娩时不容易产生正常的收缩。要知道，我们胎儿可是要靠着子宫的收缩才能顺利通过产道的。要是子宫收缩乏力，就会延长我们出行的时间，还会导致妈妈产后出血。由于双胞胎的胎位往往不太正常，所以分娩时还容易发生难产。而且在第一胎分娩以后，由于子宫腔突然缩小，可能会导致胎盘提早脱落。

　　为了胎儿和妈妈自身的健康，妈妈应该早早地去医院检查。最常见的 B 超就能帮助爸爸妈妈们确定腹中的宝宝到底是几个。要是确认了是双胞胎，那可得提早做好准备工作。

　　首先，在妊娠期时必须加强营养。你想想，两个胎儿在一刻不停地吸收妈妈体内的营养，要是不及时补充，怎么能熬到出生的那一天。研究显示，双胞胎孕妇每天应额外多摄取 300 千卡的热量。除了热量和蛋白质以外，微量元素的补充也必不可少。双胞胎的妈妈往往会出现贫血症状，这主要是由于身体内的铁质不够用而引起的。这就需要及时补充大量铁质（例如多吃猪肝或其他动物内脏，以及常吃白菜、芹菜等），铁质摄取应由原来的每天 30 毫克提升至 60~100 毫克，并尽量减少那些会影响铁质吸收的物质的摄取（例如菠菜）。然而，叶酸则以每天 1 毫克为宜。但是，妈妈也不要因为肚子里有两个宝宝就毫无节制地进食，如果宝宝长得过快，就会导致子宫过度膨胀，如果子宫无法拉长到适应双胞胎的程度，就会引发早产以及分娩困难。

　　怀有双胞胎的妈妈容易患上妊娠高血压综合征和其他一些并发症，双胞胎也容易出现各种问题，所以勤往医院跑是少不了的。除了血压、尿蛋白、水肿等常规检查，甚至还需要住院安胎或监测胎儿的生长状况。妈妈自己也要随时注意是否有异常情况的出现。例如有时由于胎位的异常，会导致胎盘剥落，这种情况往往感觉不

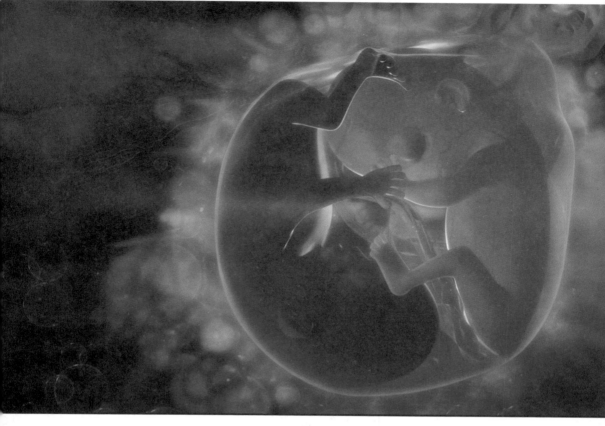

到疼痛，但会伴随出血现象。所以一旦出现不正常的现象，妈妈一定要去医院查个究竟。

此外就是要多多休息了。双胞胎往往会引发妈妈早产，为了让宝宝们尽可能在妈妈子宫中待够时间。妈妈最好少做事，多休息，每天保证 10 个小时的睡眠，在睡眠时最好采用向左侧卧的姿势，并尽量放松心情。

在临近分娩的时候妈妈一定要早早去医院，预防危险情况的出现。在早产的情况下，如果是具有独立胎盘的异卵双胞胎，并且条件又许可的话，可以先接生第一胎，然后进行安胎或进行子宫颈环扎手术，使第二胎延缓出生。这样可以让剩下的那个胎儿有

※　看来我还得和隔壁的同胞竞争各种养分外加争夺地盘。

61

更多的时间成长和发育，从而增加他的存活机会，并尽可能地发育完善。

分娩过程中的危险也不少，最容易因为胎位不正造成脐带脱垂或窒息。尤其是后分娩的胎儿更加困难。因为在生完第一胎之后，子宫内空间变得较为宽广，第二胎容易因旋转而造成胎位不正，而此时的子宫收缩力量会较为减弱，同时子宫颈也会稍微关闭。因此，在生产过程中，必须严密地使用胎儿监视器、超音波，随时监视胎儿情况，采取必要措施。

由于双胞胎在妈妈的子宫中生长时可能会营养不足，所以生长迟缓，再加上早产，往往在出生后体质较弱，需要住进新生儿加护病房的保温箱，接受医护人员的观察照料，以避免出现异常情况。要是在子宫内时，双胞胎的血液相通，可能会导致一个胎儿的血液减少，缺氧，而另一个胎儿的血细胞过多，血液黏稠，引起心脏衰竭及身体水肿。所以出生后就要对比进行检查，如有需要，须进行输血和放血治疗。

我本以为可以独霸子宫，舒舒服服地长大，没想到老天爷存心不让我放松，现在得和隔壁的同胞竞争各种养分外加争夺地盘。心里虽然有些担心，不过既来之则安之，我现在能做的就是铆足劲儿长身体。现代的医学这么发达，应该会平安度过的。

一分钟了解受精卵安营扎寨过程

受精卵形成后，由输卵管转移到子宫中进行胚胎发育。受精卵即合子，在受精后还要经过 3~4 天的"蜜月"旅行才能从输卵管到达子宫。在此过程中，受精卵开始了"有丝分裂"，它与精子和卵子产生时发生的分裂有很大不同。染色体复制一次，细胞分裂一次。这样的分裂方式保证了未来新生命中各处细胞内的遗传物质完全相同，从而维持了遗传的稳定性。72 小时后，原来的受精卵已经分裂成 16 个细胞，样子就像一个桑葚果实。

此时的子宫内膜在雌激素与孕激素的作用下，经过精心布置，像一个温暖舒适的宫殿。受精卵经过卵裂后形成人的胚泡，它能分泌一种蛋白分解酶，侵蚀子宫内膜，使受精卵植入其中，这在医学上叫做"着床"。

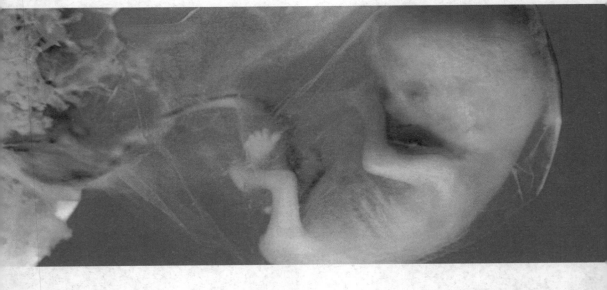

PART 4

第 4 章

成长日记（上）
——我的面子工程

接下来的日子里，长身体是我唯一要考虑的事。在正常的情况下，我会在妈妈的子宫里待上将近 10 个月。漫漫长夜，做点什么好呢？对了，就用周记记录下我的成长历程吧！

第2周：构建两个胚层

DIERZHOU GOUJIAN LIANGGE PEICENG

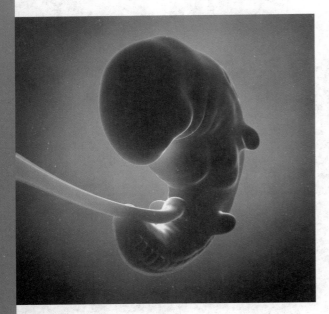

前一周我在忙着搬家和盖新房，这周记嘛，就从第二周开始写起好了。

前面已经说过，我定居下来以后身体最外层的滋养层细胞就迅速增殖，由单层变为复层，外层细胞融合形成合体滋养层，内部的一层细胞界限明显，称"细胞滋养层"。滋养层会向外长出许许多多手指状的突起，被人们称为"绒毛"。这些绒毛是我从妈妈身体内获得养分的工具，它会逐渐发育、分化形成胎盘。

我每天要努力地吃吃喝喝，还要加紧身体的发育。首要任务是建立三个胚层。

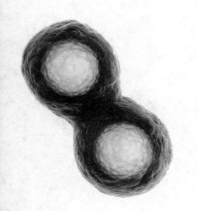

这可是一项浩大的工程啊，要知道人体所有的组织和器官都由三个胚层发育分化而来。这三个胚层分别是：外胚层、中胚层和内胚层。将来外胚层会分化成为表皮和其附属结构，如毛发呀，指甲呀什么的，还会分化为神经系统和各种感觉器官。中胚层会分化成肌肉、骨骼、血管、血液、肾脏，等等。内胚层会分化为消化道、呼吸道和排泄管道的上皮，还会分化成肝脏、胰脏、扁桃体之类。

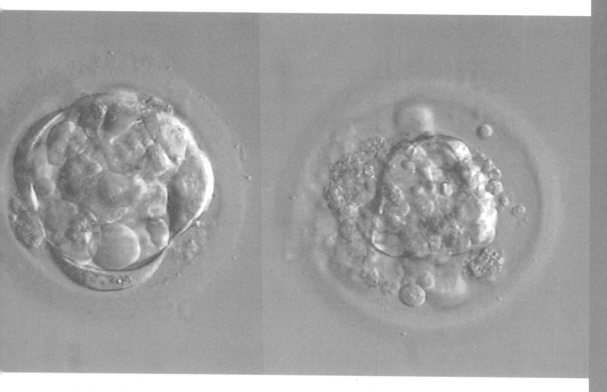

单凭一周时间肯定完不成构建三个胚层的工程，那就分步慢慢干好了。这一周我要先建成两个胚层。

现在的我由于是中空的泡状物质，所以叫做"胚泡"，这一周的时间里，我身体内靠近空腔的一部分细胞逐渐增殖发育形成了一层立方体细胞，这层细胞就是内胚层。内胚层上方的一层细胞是柱状细胞，这一层就叫做外胚层。内胚层和外胚层细胞紧密地贴合在一起，形成一个圆形的盘状结构，被人们称为"胚盘"。我的发育就全靠它了。随着外胚层的繁殖，滋养层与外胚层之间出现了一个小小的空隙，这个空隙不断变大，有了自己的名字"羊膜腔"。羊膜腔的底是外胚层，壁是滋养层。这个腔里充满的液体就是大名鼎鼎的羊水。再过一段时间，我就

※　6 天时胚泡图。现在的我，还是一个圆圆的小泡。

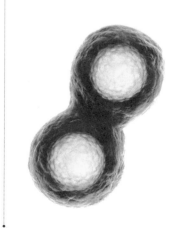

要漂浮在羊水中生活了。

在羊膜腔形成的同时，内胚层的细胞也在不断分裂增殖，慢慢围成了一个囊状结构，叫做"卵黄囊"。

原先的细胞滋养层也没有歇着，它们不断向内增殖，填充在细胞滋养层和羊膜腔、卵黄囊之间，这一部分就是胚外中胚层。最终这一部分细胞之间也出现了小小的空隙，并渐渐融合成为一个大的腔，叫做"胚外体腔"。

由于胚外体腔的出现，将胚外中胚层分成两部分，一部分衬在滋养层内表面，另一部分衬在羊膜腔和卵黄囊外表面，胚盘尾端与滋养层之间的胚外中胚层，称为"体蒂"，将来会发育成为给我提供营养的传输带——脐带。

我在为打基础的工作忙里忙外，妈妈却一点感觉都没有，除了该来的月经没有按时出现，这都是激素的功劳。妈妈意识到我的存在，为了确定，她去超市买一支验孕棒做了尿液检查。这是判断我是否存在最快速方便的检测方法。毫无疑问，尿液中的 hCG（人绒毛膜促性腺激素）含量明显升高，这可是我出现的标志哦。妈妈，可以准备和爸爸一块儿庆祝啦！

小知识点

维持妊娠的必要元素

人绒毛膜促性腺激素（human chorionic gonadotropin，hCG）大量存在于怀孕妈妈的血液和尿液中。hCG 是一种糖蛋白，由滋养层细胞产生，在受精后 8 天左右就能检测出来，一般在妊娠 9 到 11 周时达到最大值。

hCG 对于维持妊娠是必不可少的，它还具有防止胎儿滋养层被母体血液中的抗体及免疫活性细胞识别而被排斥的功能，对胎儿有免疫保护作用。此外，hCG 还具有刺激甲状腺的功能，使孕期的甲状腺功能增强。

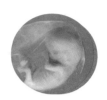

第3周：确定身体的中轴线，把自己卷成一个"桶"

DISANZHOU QUEDING SHENTI DE ZHONGZHOUXIAN
BA ZIJI JUANCHENG YIGE TONG

　　有了上一周打下的基础，这周要完成三胚层的构建应该不成问题。

　　外胚层细胞继续增殖，在这周的头一两天就形成了一条增厚的细胞索，这就是我前面提到过的原条。原条的形成，决定了我头部的方向。原条出现的一端为尾部，而相对的一端就是我的头部。原条的细胞继续向深部迁移，在内、外胚层之间，向头、尾及左右两侧增殖扩展形成一层细胞，也就是中胚层细胞。这个时候三个胚层就完全建立起来了，胚盘增大，样子就像一个倒置的梨。

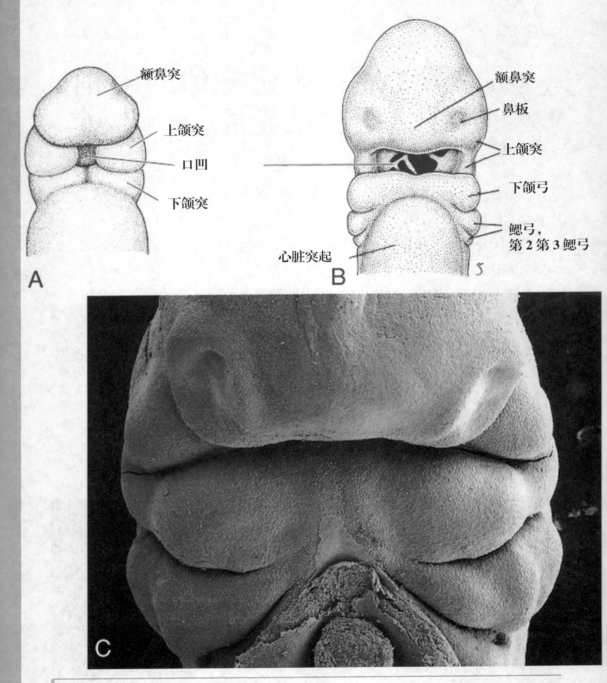

额鼻突

上颌突

口凹

下颌突

A

额鼻突

鼻板

上颌突

下颌弓

鳃弓,
第 2 第 3 鳃弓

心脏突起

B

C

※　24 天胚胎图

小知识点

叶酸在胎儿发育中的重要作用

叶酸是一种水溶性的 B 族维生素，参与合成人体内的 DNA，它的缺乏会导致胎儿神经管畸形，严重的会出现脊柱裂甚至无脑，还会使眼、口唇、腭、胃肠道、心血管、肾、骨骼等器官的畸形率增加。如果妈妈在怀孕前三个月中坚持补充叶酸，能预防胎儿 80% 的神经管畸形，还能使兔唇和腭裂缺陷的发生率降低 25%~50%、先天性心脏病减少 35.5%。

叶酸在绿叶蔬菜、水果中的储量都很丰富，如油菜、小白菜、甘蓝、豆类、香蕉、草莓、橙等都是叶酸的优质来源。另外，在动物肝脏中也含有大量叶酸。

在中胚层形成的同时，原条的头端细胞增殖，膨大成一个小球状，又好像一个节，所以叫做"原结"。原结的细胞继续增殖，在内、外胚层之间向胚盘的头端延伸，形成一条细胞长链，这条"链子"就是脊索。

大家都知道，人体是左右对称的。要首先定下我的身体的中轴线才好进行各个部位的发育，而原条和脊索就是我身体的中轴线。

定下了中轴线以后，脊索继续由尾端向头端伸长，而原条却由头端向尾端逐渐缩短，最后消失。在脊索的头端和原条的尾端各有一个小小的区域没有胚内中胚层，而是内外胚层直接贴在一起，这两部分分别叫做口咽膜和泄殖腔膜，这就是以后形成口腔和肛门的地方。

接下来就轮到三个胚层的分化了。分化的过程不是一周就能搞定的，会持续很长的时间。

脊索的出现会诱导背侧的外胚层增厚变成板状，这块由细胞构成的"板子"逐渐变长，然后中间凹陷卷曲，变成一根管子的样子，这就是我未来的中枢神经系统——脑和脊髓，甚至视网膜等，也是由它分化来的。这根管子外侧的那些细胞最后会发展

成为我的周围神经系统。至于在我身体表面的那些外胚层细胞，最后会变为我的表皮、毛发和指甲等。

脊索两侧的中胚层细胞由内向外分成了三部分。最靠近脊索的这部分细胞分裂得很快，逐渐增厚然后横裂成一块一块的细胞团，每一块都叫做一个"体节"。这些体节是左右对称的，最后会变成我身体中的骨头、软骨、肌肉和皮肤的真皮。

稍稍靠外的这部分细胞将来会发育成我的泌尿和生殖系统的器官。

最外面的那部分细胞中间出现了腔隙，被划分成为两部分，靠外的一部分会变为骨骼、肌肉、脂肪等等，而靠内的那一部分细胞将发展为消化道和呼吸道管壁的肌肉和结缔组织。这两部分之间出现的腔隙也就是原始的体腔，以后会分化成为胸腔和腹腔。

还是先说说这一周的变化吧。胚盘像一张大饼一样从周围卷折起来，原本平坦的胚盘变成了圆桶状的胚体。内胚层也被卷进去形成管状，这就是原始的消化管道，最后会分化成消化管、消化腺、喉、气管和肺的上皮以及甲状腺、甲状旁腺、胸腺、膀胱及尿道等的上皮。

终于成功地把自己卷成了一个"桶"，我忍不住要歇歇了。说起来要多多感谢妈妈，自从她意识到我的存在以后，每天都摄取丰富的营养，否则，我怎么能生长得如此迅速？妈妈除了补充蛋白质之类，还开始服用叶酸，这绝对是一个明智的决定。别看它需要的量不多，可一旦缺少，尤其是现在，很容易就会使我的神经系统发育出现问题。为了我的健康，妈妈，请你一定要多多食用含叶酸的食物哦！

第4周：进化的脚步

DISIZHOU JINHUA DE JIAOBU

从这一周开始，我的变化就像捏橡皮泥一样神奇而快速。更重要的是，终于开始了面部的塑造。这是件精细活儿，可容不得半点差错。

这一周刚开始，在我应该是头部的地方就出现了一个小小的凹槽，这就是以后的口腔，两旁稍微隆起，出现了6对鳃弓，不过我的前4对鳃弓明显，第5对出现后不久就会消失，而第6对很小，不是很明显。别急别急，我没有写错字，的的确确是鱼鳃的"鳃"。鳃弓之间的五对凹陷叫做鳃沟，在它们出现的同时，

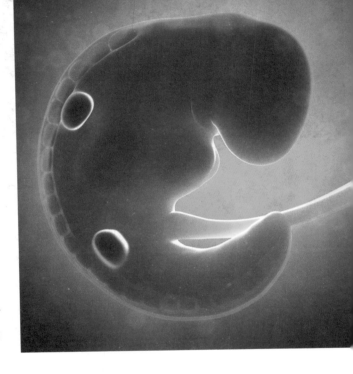

还出现了咽囊和鳃膜。鳃弓、鳃沟、鳃膜与咽囊统称为"鳃器"。其实，现在的我和其他哺乳动物甚至鱼类的样子都很相似。不过鱼类和两栖类动物幼体的鳃器最后演化为具有呼吸功能的鳃等器官，而我的鳃器存在的时间很短暂，最后鳃弓将参与颜面和颈部的形成，鳃弓之间的部分会分化为肌肉组织、

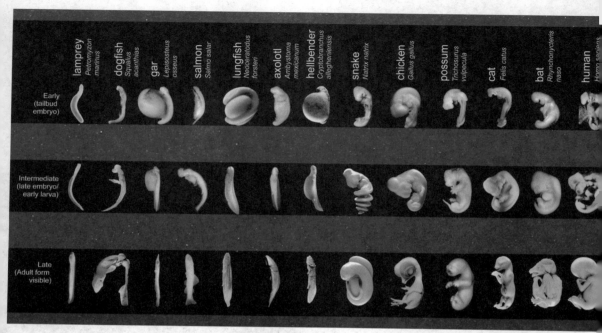

	lamprey *Petromyzon marinus*	dogfish *Squalus acanthias*	gar *Lepisosteus osseus*	salmon *Salmo salar*	lungfish *Neoceratodus forsteri*	axolotl *Ambystoma mexicanum*	hellbender *Cryptobranchus alleghaniensis*	snake *Natrix natrix*	chicken *Gallus gallus*	possum *Trichosurus vulpecula*	cat *Felis catus*	bat *Rhynchonycteris naso*	human *Homo sapiens*
Early (tailbud embryo)													
Intermediate (late embryo/ early larva)													
Late (Adult form visible)													

※ 几种脊椎动物胚胎发育的比较图。瞧，是不是很容易看出进化的脚步呢 。

软骨和骨骼。你看，这可是人类由低等动物进化而来的一个重要证据哦。

这一周中期，在我的原始口腔的周围形成了 5 个突起，分别是前面的额鼻突，两侧的一对上额突和一对下额突。光听名字就知道它们将来会变成什么了。

神经系统的变化一点也不逊色。神经管的头端膨大成泡状，这是脑泡，也就是我以后最最重要的脑部。神经管其余的部分分化成为脊髓。三叉神经节，面神经节，舌咽神经节，迷走神经节都已经出现。脑泡侧面还有向外膨出的视泡——以后会发育成眼睛。面神经节和舌咽神经节之间也出现了隆起的听泡——未来的耳朵。

我的身体上还有一个比较明显的凸起，这里面包着原始的心脏。心脏上的原始心管也变为 "S" 形。体蒂也更加细长，并且开始向我的腹部移动，里面的静脉会逐渐演变成我的食物输送管道——脐动脉和脐静脉。

我的身体越来越大，为了保证营养，血液循环系统的建立迫在眉睫。

其实在上一周的头一两天，我的身体中就出现了好些细胞团，这些细胞团周边的细胞逐渐变薄变扁，并围成管状，这就是原始的血管。原始血管中间那些没有变扁的细胞就变成了原始的血细胞。原始的血管不断向外延伸，并与周围的原始血管相互融合连通，慢慢形成了一个庞大的管道网络。随着管道的融合，有的血液汇聚，血量增大，管道也变粗，有的却因为血流减少而萎缩甚至消失，原始的心血管系统逐渐形成。

虽然现在这些原始的血管中已经有了血液的流通，但还无法判断哪些血管是动脉，哪些血管是静脉。

消化道逐渐成形。消化道在最开始时只是一根直直的管道，但由于它的生长速度远远超过了我身体的生长速度，所以形成了"U"形的弯曲。这条管道的一头膨大成漏斗状，这就是原始的咽喉。

消化道两旁的各种腺体也纷纷现身。甲状腺的原基已经出现，原始的肝脏也开始发育。

除此之外，呼吸系统和泌尿系统都开始了发育。

在原始咽喉的附近出现了一纵行浅浅的小沟，这叫做喉气管沟。这条沟慢慢加深，并且封闭起来，最后形成了一个长条状的囊，叫做喉气管憩室，它会发育成为喉、气管、支气管和肺。

我的腹侧出现了左右两条纵向的突起。这两条突起不断增大，被称为"尿生殖嵴"。这就是未来的肾、

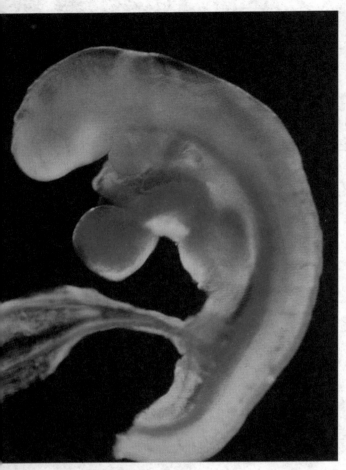

※ 第四周胚胎图
我是不是很像一个小虾米?

小知识点

第一个月里新生命的成长比任何时期都快，要比受精卵长大一万倍！

生殖腺及生殖管道。随着尿生殖嵴的进一步发育，分工也更加明确。嵴的中间出现了一条纵向的沟，将嵴分成内、外两部分。外侧较长而粗的部分将来发育为泌尿系统，内侧较短而细的部分不断增殖，分化为两条生殖嵴，最后会发育为生殖系统。

这一周里，我圆筒状的身体慢慢弯曲，变成"C"字形，头大尾尖，全身透明而且柔软，悬浮在羊膜腔的羊水中，样子不太像人，倒像是一个被缩小的弯曲的小虾米。

从最近的这一两周开始，妈妈就进入了高度戒备状态。这是流产和畸形的高发期，不小心不行啊。妈妈除了烟酒不沾，尽量多休息以外，连上网、用电器时都小心翼翼，说是要避免辐射。至于那些模样可爱的猫猫狗狗，妈妈也狠下心避得远远的。这些宠物是很可爱没错啦，但它们的身上很可能携带着人肉眼看不见的寄生虫，比如弓形虫之类。要是平时，这些寄生虫对人类不会有太大危害，但现在是怀孕的非常时期，妈妈的免疫力下降，要是感染了寄生虫，很容易会发作，最终导致我流产。妈妈如此用心良苦，我真是太感动了。妈妈请放心，我一定不会辜负你的期望，健健康康长大！

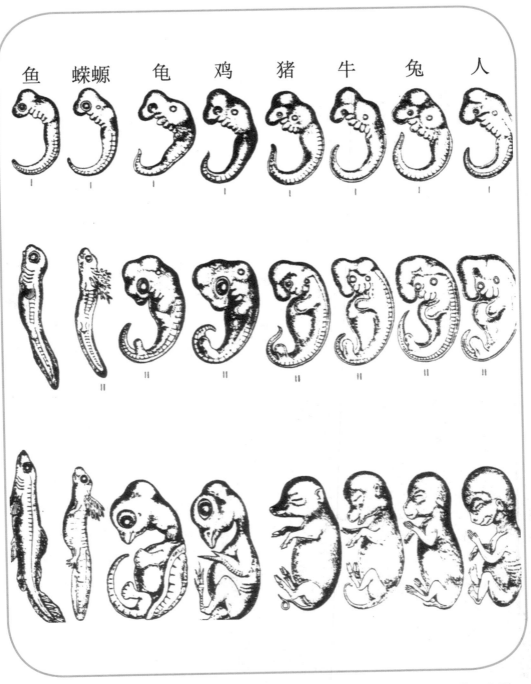

鱼　蝾螈　龟　鸡　猪　牛　兔　人

※　胚胎发育比较示意图

第5周：
"面子工程"在继续

DIWUZHOU
MIANZI GONGCHENG ZAI JIXU

※ 第五周胚胎图
你能看出我的面部造型吗？

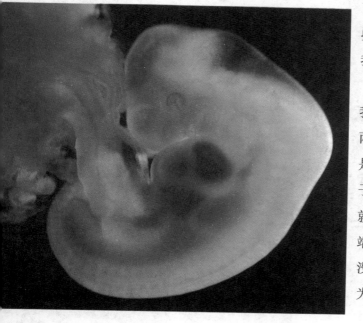

俗话说"人活一张脸，树活一张皮"，这面子问题可不能小看。这一周要继续好好雕琢我的样子。

原始口腔的凹陷越来越深，最后和原始的消化管道相通。额突上方出现了鼻板，它中间有卵圆形的鼻窝。鼻窝两侧隆起鼻突。现在鼻子也差不多成型了。接下来我长出了小小的耳郭，眼睛的视网膜也出现了色素。我是黄种人，眼睛在这时就被染成了黑褐色。嘴巴的下方出现一些小小的褶皱，它们会发育成我的脖子和下颌。

"面子工程"进行的同时，我的身体两侧慢慢出现了上下两对像勺子一样的突起，这就是我的胳膊和腿。虽然现在样子还有些古怪，不过很快"勺子"就变成了"桨"。"桨"的顶端宽大部分就是将来的手和脚。没过多长时间，胳膊和腿都分为了两节，这下谁都能看出来这是胳膊和腿了吧。

圆柱状的脐带已经形成了，这是我的食物传送通道，里面有脐动脉、脐静脉等结构。这条带子连接着我和胎盘，它的长度最后可以达到50多厘米，呈螺旋状扭曲。

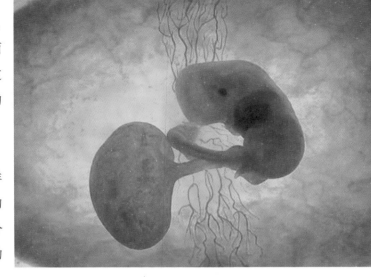

脑部继续发育，现在的样子就像一个由很多空腔组成的迷宫。我的原始耳朵也能区分出一些简单的结构了。脊椎的部分开始慢慢地显现出形状。喉气管憩室的近端分化成喉和气管，末端膨大并分为两支，也就是原始的支气管和肺。食管、胃、十二指肠、肝、胰、胆囊等都现出了雏形。心脏外形已基本建立起来，也开始划分心球、心室、心房和静脉窦。

我的心脏才刚刚形成，极其脆弱，很容易受到损害。妈妈，可千万要注意别受到射线的影响，还要尽量少接触化学药品哦！

小知识点

为什么有的人怀孕会长胖，有的人却不会胖？

人们总是赞叹妈妈的伟大——她们尽一切力量为胎儿提供更多的营养。但其实胎儿们并不是被动地享受这些营养，妈妈也未必那么无私，在子宫内进行的是一场关于营养的无声争夺，而角力的双方正是妈妈与胎儿，虽然他们本身并无意识。

胎儿并不是蹲在妈妈的子宫内等待被喂养，胎盘可以生长出深入母体组织的血管，具有侵略性地从妈妈那里吸取营养。怀孕就像是一场拔河比赛。那些怀孕长胖的妈妈在对营养的默默争夺中胜利了，而那些无论吃多少东西，都只见肚子更加隆起自己却不见胖的妈妈是被腹中的孩子给打败了。

第6周：
心脏开始有规律跳动了

DILIUZHOU
XINZANG KAISHI YOU GUILÜ TIAODONG LE

※ 第六周胚胎图
和上一周相比，我的模样更像人了。

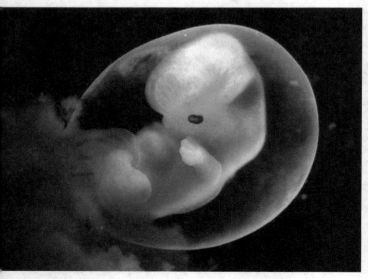

这一周最重大的事件莫过于心血管系统的完善了。

我那颗小小的心脏进一步发育，已经划分好了心室，并且进行有规律的跳动，开始为我的身体供应血液。

不过我现在还没有建立起完善的循环体系。现在的营养还是主要依赖妈妈子宫上的腺体分泌的物质。这些营养物质被运输到绒毛的间隙，供我吸收。

消化系统进一步发育。除了消化管道继续增长，管道的尾端还出现了一个小小的囊状突起，这就是盲肠的原型。

原始的生殖细胞开始向生殖腺嵴迁移，为后面生殖系统的发育做好准备。迁移的过程要持续一周。到目前为止，男孩女孩的生殖系统在外形上还没有任何区别，只是在细胞水平上可能有轻微的差异。

这一周我的手指和脚趾开始出现，肌肉纤维也逐渐形成。

虽然我现在还带着一条小尾巴，但总算向人类的模样靠近了。

从这周开始，由于我的迅速成长，妈妈明显觉得头晕，浑身无力，不想上班，不想做家务，更不用说出去运动了，整天昏昏欲睡，有时食欲不振，甚至会出现恶心呕吐等现象，这在清晨或者空腹的时候发生的次数更多。另外，妈妈还突然喜欢上了吃酸的和生冷的食物。这些现象叫做"早孕反应"，是由于激素的分泌影响肠

※ 打开窗户，呼吸新鲜的空气，可以缓解早孕反应。

胃功能而导致的。一般来说，早孕反应会在我长得更大一些时自行消失。很多妈妈都会有这个阶段，由于体质不同，少数人的早孕反应比较严重，持续时间也较长，也有个别就完全体会不到这种痛苦。不过，作为怀有两个胎儿的妈妈，早孕反应比一般人可严重得多。

一般的早孕反应不会有太大的影响，但如果情况很严重，呕吐太过频繁，那就不太妙。

严重的早孕反应会影响我的发育。我生长发育所需要的营养，全都靠妈妈提供，要是妈妈每天吃不了多少东西，或者吃完就吐，那么营养肯定跟不上。妈妈在这个时候抵抗力容易下降，各种疾病也会乘虚而入。我生长的最初三个月，是分化最关键的时期，要是缺乏营养，或是被病毒感染，简直就是灾难性的；不死也残。

严重的早孕反应还让妈妈产生了恐惧感。唉，妈妈的一举一动哪怕是一点想法我也感受得到。她的恐惧会直接影响到我。不明白？这么说吧，妈妈恐惧时，身体内的某些物质就会增多，这些物质会随着血液传递到我的身体里。要是我常常接触到这些物质，发育难免就会受到很大影响，就算不会出现畸形，未来的性格等也会因此而向不利的方向发展。妈妈是想要一个聪明活泼勇敢的宝宝，还是想要一个胆小怯懦，八竿子打不出一句话的宝宝？恐怕没人愿意选后者吧？

要想减轻早孕反应，首先就得保持精神愉快。心里老想着如何难受对减轻症状一点帮助都没有，不如开开心心把它当作人生的必经阶段吧。由于很多人都是闻见了油腻的气味就会难受，所以一定注意周围的空气要清鲜。打开窗户，让空气流通是必不可少的。在吃的方面也要下功夫了。怎么样才能让食物既有营养，又清淡可口、容易消化？爸爸，这可就是你显示手艺的大好时机哦。妈妈还可以适当地补充一些维生素C、维生素B_6，这对缓解早孕反应也有一定帮助。

虽然食欲不振，吃下去一点东西都很困难，但为了我，妈妈还是强忍着坚持吃下很多有营养的食物。唉，妈妈你受苦了。

除了早孕反应，妈妈身体内的其他变化也不小。

为了让我舒舒服服地生长，子宫一直在变大，而且更加柔软。现在妈妈的子宫已经由原来的梨形膨大成了球形。要是仔细观察子宫，还会发现子宫颈的黏膜呈充血状态，变成了蓝紫色，肿大并柔软。子宫颈上的腺体也增多。这些都是为我的安全设置的防线。腺体分泌的黏液增加，外来的病菌统统被挡在了子宫外，不能对我脆弱的身体构成威胁。妈妈阴道中的前哨防线也进行了加强。阴道内的皱襞增多，脱落细胞增多，分泌物也增加了。这些分泌物中含有比未怀孕状态下更多的乳酸，使 pH 降低，一般的致病菌根本抵挡不了这样的酸性。除此之外，阴道壁也变得松软，伸展度增加，这样有利于我将来的出生。由于分泌物增加，妈妈应当经常更换内衣裤，最好是纯棉的衣裤，同时坚持每天洗澡，保持阴部的洁净。要是分泌物的颜色不是正常的白色，而是微黄，或者分泌物量特别大，都应当及时去医院检查。

小知识点

维生素多服未必好

虽然服用维生素B_6和维生素C可以在一定程度上缓解早孕反应，但不宜长期过多服用。

过多服用维生素B_6会导致胎儿对其产生依赖性，在出生以后，当维生素B_6的摄入不如母体中充分时，就会出现哭闹不安、惊厥等症状，甚至导致智力低下。

过多服用维生素C也没有好处，可能会导致流产。

妈妈补充维生素的最佳途径是通过食物摄取，尽量减少服用药物。如果有特别的需要，一定要在医生的指导下服用孕妇专用的维生素制剂。

第7周：
是帅是丑就看现在了

DIQIZHOU
SHISHUAI SHICHOU JIU KAN XIANZAI LE

　　我的样子终于逐渐成形了，原本挤在一起的五官开始渐渐舒展。牙齿和腭部也开始发育。这是决定我的模样的关键一周，是帅是丑就看现在了。一周以后我的样子就固定下来，从此要顶着这张脸过一辈子了。

　　我现在的皮肤非常薄，就好像透明的一样，皮肤下面的血管清晰可见。

　　我的手指和脚趾也很明显，并且在手指和脚趾上出现了分节。这会儿手指和脚趾之间还有少量像"蹼"一样的东西，但是过一段时间它们就会慢慢消失了。

　　虽然这个时候外面的人们还没办法通过听诊器

※　第七周时胚胎的手指
※　第七周时胚胎脚趾

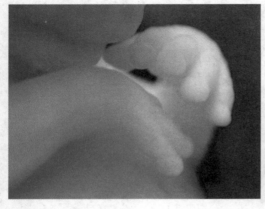

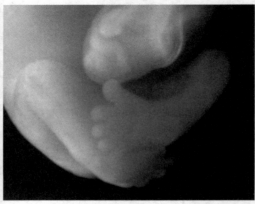

听到我心跳的声音，但其实我的心脏已经完好，就像正常人一样拥有了左心房和右心室。心脏虽然小，可一点不影响跳动，大约每分钟会跳动150下。从这周开始，我就可以动弹了。不过我现在还太小，就算能在羊水里做前空翻，妈妈也感觉不到。

我的神经系统的大体轮廓已经快完成了，身体中的骨骼细胞也开始发育。

我的生长速度连自己都吃惊，这一周已经长到近20毫米长了，差不多是上一周的两倍。

从外表来看，虽然头大身子小，比例有些奇怪，但谁都得承认，我已经像一个地地道道的"人"了。

妈妈这一周情绪波动很大，总是有些烦躁不安，这都是激素的影响。妈妈一焦虑，我就该提心吊胆了。现在正是我的牙齿和腭部发育的关键时期，要是这个时期妈妈的情绪波动太大，有可能会导致我出现腭裂或者唇裂。我可不想顶着一张兔子嘴出生啊！就算没有影响到牙齿和腭部的发育，可不良情绪会导致妈妈血液中的某些有害物质增多。我的生长是靠妈妈的血液来维持，要是这些有害物质太多，会直接损伤我的神经系统以及各个组织器官，总之不是一件好事。所以，不管遇到什么事情，妈妈请一定要保持良好的心态哦。

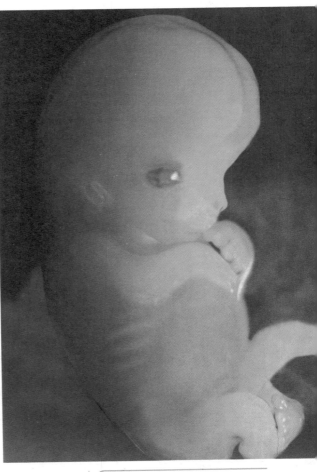

※　第七周胚胎图
　　你就承认我现在已经像个人了吧！

第8周：
现在已经是一个"人"啦！

DIBAZHOU
XIANZAI YIJING SHI YIGE REN LA

※ 第八周胚胎图
这可是值得庆祝的一周哦！

这绝对是值得我纪念的一周。从这一周开始，我就不再是"胚胎"，而是"胎儿"了。这是什么意思？还不明白吗？这就表明我现在已经是一个"人"啦！

我的身体长到25~30毫米长。麻雀虽小，五脏

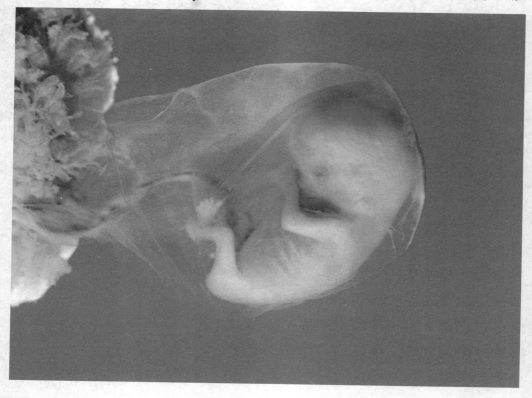

俱全。现在的我已经形成了自己独有的面容。眼、耳、鼻等都已经定位。手脚分明，上肢和下肢都长得比较长了，而且手指和脚趾之间的蹼已经消失，甚至连指头上生长指甲的部分都能够看得出来。肩、肘、髋以及膝等关节也已经能看出来了。

在半透明的皮肤下可以看见我体内的各个主要器官和系统的雏形已经建立起来，尤其是肝脏正在明显地发育，不过这些器官的形状还很简单。

我现在的身体中主要是软骨。骨骼正在形成，骨髓还没有出现，所以现在是由肝脏顶替骨髓的作用，产生大量的红细胞。等骨髓形成以后，这项工作就会转交到骨髓的手上。

虽然对我来说这是值得庆祝的一周，但在妈妈看来，这真是糟糕的一周。早孕反应依然很严重，更让妈妈郁闷的是自己的身体已经不像往日一般苗条了。在此激素和孕激素的共同作用下，妈妈的腰围明显变粗，乳房也逐渐长大，以前的漂亮衣服已经套不进去了。

如果这还可以忍受，那么最糟糕的就是腹部时不时地疼痛，小便的次数也越来越频繁，好像每天待在卫生间的时间比睡觉的时间还多。这是因为子宫增大，逐渐刺激和压迫到膀胱而造成的。我虽然很心疼妈妈，可也帮不上忙，只有等这种情况自然消失。一般来说，再过一个月，子宫的大小会超出盆腔，那时膀胱就不再受到压迫，这种情况也就会消失了。

小贴士

胎儿身长体重计算公式

胎儿身长、体重随妊娠月份逐渐增加，为便于记忆，一般采用下列公式计算：

妊娠 20 周前：身长 = 妊娠月数的平方 (cm)

体重 = 妊娠月数的立方 ×2(g)

妊娠 20 周后：身长 = 妊娠月数 ×5(cm)

体重 = 妊娠月数的立方 ×3(g)

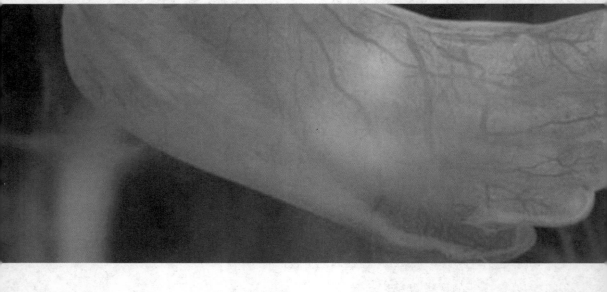

PART5

第 5 章
成长日记（中）
——在摇篮中成长

从现在开始，我就是以"胎儿"的身份进行生长发育了。很多人和组织都认为现在的我就具有人权。我也是这么觉得呀。你瞧，我是越长越像一个帅小伙了！在接下来的几周里，我会进一步完善身体各部分的器官和组织。

第9周：
男孩还是女孩？

DIJIUZHOU
NANHAI HAISHI NÜHAI

我的身体进一步长大，虽然还是像个小虾米，不过小手小脚已经发育完全，手指脚趾都清晰可见，手臂也增长了一些，手肘弯曲。

这一周最重要的事件就是生殖系统的发育了。虽说性别是由基因决定，但生殖系统的发育却是在现在由激素决定的。要是现在出现什么问题，我的性别完全可能发生混乱，甚至颠倒。

我的性染色体是"XY"，也就是说会是一个男孩。不过前几周时，男孩女孩只有性染色体的差异，并没有生殖器官及性腺上的区别。原始的生殖器具有向男、女两个方向发展的可能性。在上一周，我的Y染色体上的睾丸决定基因使原始性腺向原始睾丸分化，并具有了分泌雄激素的作用。在雄性激素的作用下，从这一周开始，输精管、精囊腺都开始形成，原本看不出性别的外生殖器也逐渐分化发育成阴茎和阴囊，开始展现男性的特征。

男性的生殖系统发育比女性要早，女性的生殖系统会在两到三周以后才开始发育。

不管是男孩还是女孩，生殖系统的发育都和雄激素密切相关。要是缺少雄激素，就会向女性方向发展；雄激素的量多，就会向男性方向发展。

虽然我的生殖系统开始发育，但通过 B 超还无法辨认我的性别。妈妈和爸爸每天都在猜测我到底是男孩还是女孩。不要着急，再过些天你们就能通过 B 超了解我的性别啦。

说起 B 超，很多人都不陌生，这是我的成长阶段最常用到的一种检测方法。人们普遍认为超声波是对受检测人员无损害的一种检查方式，但它毕竟是一种能量，在积累到一定剂量时可能会损伤一些细胞。要是刚好损伤的是生殖细胞或者正处于发育敏感期的细胞，那就可能造成严重的影响。虽然目前医院中使用的常规 B 超检查被认为是安全的，但在我发育最关键、最容易致畸和流产的前三个月里，还是要尽量减少 B 超的使用。

从这一周开始，我的脑部发育十分迅速，脑的重量不断增加。这会持续到我六个月大。这段时间被人们叫做"脑迅速增长期"。脑部的重要性就和计算机的处理器一样，一定要小心对待。说起脑的发育，就不得不提到甲状腺。这个腺体虽然不大，功能却不小。脑部的发育要靠它分泌的甲状腺素来促进。成年人缺乏甲状腺素会导致"大脖子病"，我要是缺乏甲状腺素，情况就严重得多，搞不好会个子矮小，智力低下。不过凡事都有个度，过量补充碘也会导致甲状腺功能减退症和自身免疫甲状腺炎的患病率显著增加。由于我国的食用盐中已经强制加入了碘，所以，只要妈妈购买的是加碘盐，并且饮食正常，就能维持甲状腺的正常功能。妈妈千万别自己补充过量的含碘药物啊！

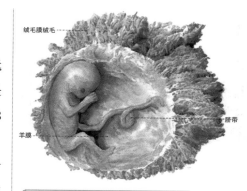

※　第九周胎儿图 (1)
　　这周可是决定我是男是女的关键时期哦！

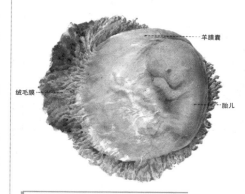

※　第九周胎儿图 (1)
　　这周可是决定我是男是女的关键时期哦！

第 10 周：
我不再是"软骨头"了

DISHIZHOU
WO BUZAI SHI RUANGUTOU LE

妈妈在医院进行检查时，兴奋地听见了我心跳的声音，甚至还听见了脐带中的血流声。要是她能看见我的样子，一定会更加高兴的：我已经长出了眉毛，头上也有了稀稀拉拉绒毛状的头发，指甲也开始出现。

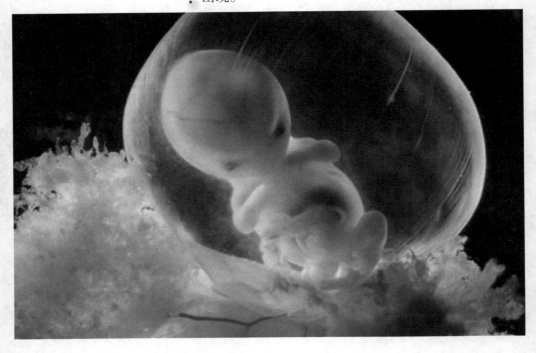

小知识点

孕妇补钙须知

正常女性在非怀孕期平均每天需要钙约 800 毫克，而在怀孕期间每天必须摄入 1 000~1 500 毫克的钙。

妈妈在补充钙质的同时也可以适当补充维生素 D。

维生素 D 能促进肠道内钙的吸收，使钙质更容易、更快速地进入血液。此外，维生素 D 还能促进钙盐的沉着，使骨骼的钙化加快。

但是过量的维生素 D 可能会引起妈妈的高钙血症，从而导致胎儿也发生高钙血症，引起头部骨骼过早闭合，不利于胎儿分娩。所以妈妈如果要补充维生素 D，每日不得超过 400 毫克。

由于我的腹腔增大，肠也继续增长。身体内其他的器官逐渐开始接手自己的工作，各司其职。

从这一周开始，我不再是"软骨头"了，身体内的骨骼开始形成，脊柱的轮廓分明，而且开始从脊柱上发育最初的肋骨。

骨骼的发育需要钙盐的沉积，要是钙质不足，就会影响我的乳牙、恒牙的钙化和骨骼的发育，在出生后也会早早地出现佝偻症等问题。所以我不停地从妈妈体内搜刮钙质。要是妈妈身体内的钙质不足，就会分解自己骨骼中的钙质来补充血钙浓度，以满足我的需要。好多妈妈都会因为骨骼中钙的分解而导致骨质疏松，肌肉痉挛，严重时还会有牙齿脱落的现象出现。我贪得无厌地从妈妈血液中吸收钙质，只顾着满足自己的需要，想一想真是自私的做法，可这也不是我能改变的呀。造物主制定了游戏规则，我只能服从。妈妈，为了自己的健康，你一定要多多补充钙质，比如多吃富含钙质的食物，多晒晒太阳什么的，千万不能因为我的自私行为而导致你的健康出现问题呀。

第 13~16 周：
在 "水垫" 中生长

DISHISAN– SHILIU ZHOU
ZAI SHUIDIAN ZHONG SHENGZHANG

我的腿变长了，甚至超过了胳膊的长度。我的关节也已经形成了，现在手肘、手腕都能够弯曲，手指、脚趾也能伸展和弯曲。

现在我能常常皱一下眉头或是做个鬼脸。不过这些都还只是简单的神经反射活动，不受大脑的控制。

※ 十三周整体图
  你瞧，我的关节已经形成，手肘手腕都能弯曲。

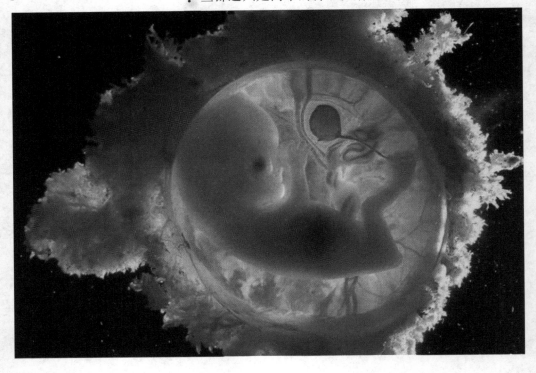

说到了神经系统，我又要自豪一把。我的神经系统发育得够快，神经元迅速增多。我那些无意识的握拳或者皱眉等运动很好地促进了大脑的发育。我在妈妈肚子里的活动越来越频繁，开始妈妈还是没有什么感觉，不过在这个月末，也就是第十六周，妈妈就能真真实实地感觉到我的存在了。

虽然现在我的眼睛依然闭着，但视网膜已经能感受到光线了。虽然隔着妈妈的肚皮，我也完全能感觉到白天和黑夜的变化。外面的世界第一次这么真真切切地出现。

这时我的胎盘已经形成了，羊水的体积不断增大，我就在这个"水垫"中生长，不仅不会受到外部的撞击，还能维持恒定的温度。

羊水的功能还有很多。在我快要出生前，羊水可以传导子宫腔内的压力，促使宫颈口扩张。在我出生时，羊水还能先将阴道冲洗干净，防止我被细菌感染。羊水会一直陪伴着我在子宫中成长，是我生存和发育必不可少的生活环境。要是我的身体状况出现什么问题，都会在羊水中体现出来。所以妈妈会通过羊水检查来判断我到底过得好不好，是不是一直都健健康康的。

我要不断吸收营养，排出代谢废物，这些工作都是由胎盘和脐带来完成的。

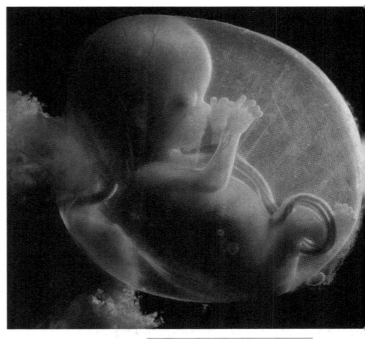

※　四个月的胎儿
虽然现在我的眼睛依然闭着，但视网膜已经能感受到光线了。

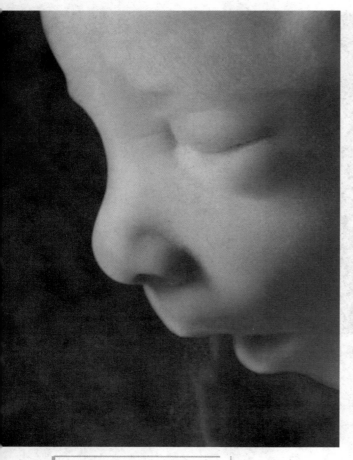

※ 四个月胎儿局部图
现在我的嘴巴已经能张开、合上了，这样我就可以吞咽羊水了。

胎盘附着在子宫壁上，通过脐带与我相连，顾名思义，胎盘，当然是圆盘状，直径大概是10到20厘米。中间略厚，周围略薄。靠近我的这一面比较光滑，中间有脐带，脐血管呈放射状分布在上面。

妈妈的动脉血中携带有氧气和我需要的各种营养物质，可是我的血液循环系统和妈妈的血液循环系统井水不犯河水，不会互相混合。那么怎么进行营养物质和废物的交换呢？妈妈的动脉血经过子宫时会通过胎盘由脐静脉带入我的身体内。而我需要排出的代谢产物和二氧化碳，也由脐动脉经过胎盘排入妈妈的静脉当中。

除了担任我和妈妈之间物质交流的中转站，胎盘还能分泌很多种激素，例如雌激素和孕激素，这两种激素是从这个月才开始分泌的。因为现在妈妈的身体已经不能分泌这些激素，所以胎盘的分泌就非常重要，起着继续维持妊娠的作用。胎盘还能分泌绒毛膜促乳腺生长激素，这是促进母体乳腺生长发育用的。

胎盘的功能还远远不止上面这两项，胎盘还是我的"保护罩"。妈妈血液中有我所需的营养物质，也有很多有毒物质和细菌。要是这些我都全盘接受，八成活不到现在。担任卫士职责，严格控制进出物质的就是胎盘。那些较大的蛋白和有毒物质被拒之门外，细菌也无法进入。不过很多抗生素和药物可以通过胎盘屏障进入我的身体，所以妈妈选择药物时一定要留神。

我现在的肺部已经有了两个肺叶，但还没有完全发育成熟。我的嘴巴能张开、合上，这样我就能吞进羊水，然后再把羊水通过泌尿系统排出体外。这可不是瞎玩，而是在练习呼吸呢。这样的动作有助于我肺部的发育，并且防止细小的支气管相互粘连在一起。有的时候我还会突然打嗝。当然了，这个声音太小，妈妈一定听不见，不过这可是我就要开始呼吸的前兆哦。

还有一个值得高兴的事情就是我的生殖器官已经形成，要是去医院检查，医生能看出我到底是男是女。不过爸爸妈妈说不管男女他们都爱，所以，把惊喜留到我出生吧。

由于早孕反应的结束，妈妈的食欲大增，子宫也持续长大。腹部的变化很明显，只能穿着宽大的孕妇服活动。

这几周妈妈还抽时间去医院做了检查。这个检查最好别偷懒省掉，因为它能告诉妈妈我是否患有先天性疾病或遗传性疾病。要是妈妈是35岁以上的高龄孕妇，或者以前有过流产经历，或者是近亲婚以及有遗传病家族史等，就更加应当去医院做特殊的产前诊断。

除了先天性疾病和遗传病的检查，以及其他常规检查外，也不要漏掉血型的检查。血型不合可能会

造成很大的危险，严重的情况下会引起溶血症，导致胎儿因严重贫血、心力衰竭而死亡。就算侥幸活下来，对智力发育也有很大影响。

要是我从爸爸那里遗传下来某种显性抗原，而妈妈恰恰缺少这种抗原，那么在妊娠或者分娩的过程中，这种抗原就有可能进入妈妈的身体中，导致妈妈的体内产生这种抗原的抗体。要是这种抗体又通过血液循环进入我的血液中，那麻烦就大了。这些抗体会导致我的红细胞凝集破坏，从而引发溶血，最后会导致我的严重贫血，甚至死亡。

血型不合一般有两种情况，一种是 ABO 血型不合。如果妈妈的血型是 O 型，而爸爸的血型是 A 型、B 型或者 AB 型，就会引起血型不合，不过一般症状较轻。这种情况下的溶血往往发生在第一胎。另一种情况在我们国家比较不常见，那就是 Rh 血型不合。Rh 血型有阴性和阳性两种类型。当妈妈的血型是 Rh 阴性，而爸爸的血型为 Rh 阳性时，就可能发生溶血。不过第一胎一般不会发病，但随着分娩的次数越多，病发率就越高。

所以呀，这些检查是"一个都不能少"，要是有什么问题，就可以及早解决。

你知道吗?

"左撇子"倾向在胎儿发育早期就形成了

英国的研究人员对 1 000 个胎儿进行了超声波扫描，他们发现，这些胎儿在发育到 15 周的时候，有 90% 会吸吮右手大拇指，只有 10% 吸吮左手大拇指。研究人员对其中 75 个胎儿进行了跟踪调查，他们中的 60 个偏好吸吮右手，15 个偏好吸吮左手。在这些胎儿出生后成长到 10 到 12 岁时，研究人员发现，60 个在胎儿阶段吸吮右手的孩子习惯用右手；而在 15 个吸吮左手的胎儿中，有 10 个仍旧习惯用左手，另外 5 个则变成"右撇子"。

第 17~20 周：听爸妈聊天

DISHIQI~ERSHI ZHOU TING BAMA LIAOTIAN

　　我的身体已经有二十多厘米长了，重量也在快速的增加。这几周时间里，我的体重几乎会增加一倍！

　　我的皮肤表面覆盖了一层柔软的细绒毛，这是胎毛，这层绒毛会在我出生后褪掉。除了身上的毛发，我的头发也变长了。皮脂腺也终于开始工作，分泌出一种白色的蜡状物质，这是我皮肤的天然防线。你想想，我得在羊水中待上好长时间呢，要是没有一层保护膜，等我出生的时候，一定是皮肤皱皱，被腐蚀得不像话。这层白色的蜡状物质，就是让我在羊水中待着而皮肤不受损伤的保护膜。除了这个最重要的功能，滑滑的皮脂还会在我离开妈妈的身体时发挥作用，让我的出行更加方便。

　　妈妈和爸爸常常用听诊器听我的心跳，怎么样，够坚定有力吧。

　　我的精力旺盛，虽然每天仍然要用大部分的时间睡觉，差不多要睡 16 到 20 个小时，但是我一清醒，就会在妈妈肚子里动来动去。由于肌肉的生长和力气的变大，妈妈能清楚地感受到我的活动。我喜欢时不时扯扯脐带，或是用脚踢踢子宫壁来告诉妈妈我很健康。

　　告诉你们一个小秘密，其实我也能听见妈妈和

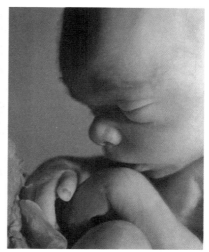

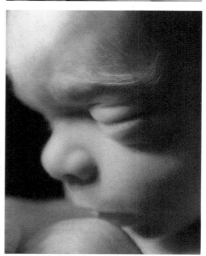

　　※　第五个月胎儿局部图。你瞧，我的胎毛很明显。

爸爸的声音哦。我的感觉器官已经开始按区域迅速发育，神经元分化成了各个不同的感官。味觉、嗅觉、听觉、视觉和触觉从现在开始在大脑里的专门区域里发育，神经元之间的相互联通也开始增多。我能够听见爸爸妈妈聊天，听见他们对我未来的规划，有时运气好，还能透过肚皮隐约看见爸爸的身影。

我发现自己喜欢上了爸爸妈妈每天对我说话。每当爸爸趴在妈妈肚子旁边和我讲话时，我就特别开心，可惜不能搭话，只能翻几个跟头或是踢踢妈妈的肚子来表达我的感情。

我还喜欢上了听音乐。轻柔的音乐会让我放松，听说这还有助于我的智力开发。父亲大人母亲大人，如果要进行胎教的话，就得趁现在啦。

这段时间妈妈的体重增加得很快，腹部也明显增大。皮下的脂肪开始堆积起来，人人都说妈妈胖了好多。这是由于妈妈肠道吸收脂肪的能力增加，血脂升高，使脂肪容易堆积。在能量消耗过大时，这些脂肪就会分解提供能量。

由于我的食量日益增加，妈妈对蛋白质、脂肪、碳水化合物和矿物质的需求量也都只增不减。不过不能一味地凭爱好选择食物，要合理搭配，营养全面才行。如果暴饮暴食，很容易出现高血压，糖尿病等症状，还会增加妈妈分娩时的困难。

妈妈觉得身体越来越沉重，好像脚也有轻微的浮肿。现在就不要为了漂亮穿高跟鞋了，赶紧换上舒适的平底软鞋吧。

这段时间妈妈总是觉得鼻子堵堵的，还会流鼻血。这真奇怪，平时没有这种情况出现啊？其实全都

你知道吗？

补充铜、钼促进铁的吸收

在补充铁的同时，也可以适当补充铜和钼来促进铁的吸收。

如果妈妈体内的铜缺乏，就会影响胎儿头颅和躯干的生长，造成大脑萎缩、骨骼变形、心血管异常等先天缺陷。还会导致胎盘功能不良，以及胎膜脆性增加，弹性和韧性降低，从而引起胎膜早破，甚至发生流产以及神经系统发育障碍。而钼缺乏则容易影响胎儿的骨骼、牙齿和智力发育。

怪血液里的激素。现在妈妈血液中的雌激素量比没有怀我时增长了 25 到 40 倍！在这么多激素的影响下，鼻黏膜肿胀，就会引起鼻孔堵塞。而且局部的血管还会扩大并充血，一不小心就会破裂出血。鼻子里本来血管就丰富，现在更是"易损伤部位"，常常在妈妈还没察觉的情况下就出血。不过这也是件小事，完全不用紧张。通常只要仰起头，稍稍止血，或者在鼻子处敷上个冷毛巾促使血管收缩就会好起来。

激素还会作用到呼吸道，使呼吸道毛细血管扩张，肺部的肌肉松弛，呼吸也慢慢变得困难。这个时候可不能自己胡乱用药，最好去看医生问个明白。

由于我的活动越来越多，妈妈有时会被我折腾得睡不着觉。在这里我要说一声对不起了。

哦，对了，我对微量元素的需求也增大了，尤其是铁。我需要铁质来制造红细胞，不能委屈自己的，只好从妈妈那里索取了。所以妈妈一定要及时补充铁。如果妈妈身体内铁质大量减少，就会导致缺铁性贫血，这个后果会很严重。大家都知道，血细胞中的铁用于帮助血细胞携带氧气，要是出现了缺铁性贫血，那么血细胞携带氧气的能力就会大大降低。我在子宫中得不到足够的氧气，你想想会怎么样？就算不胎死腹中，也会影响我聪明的大脑的发育嘛。为防止贫血现象的出现，妈妈应该多吃一些富含铁质的食物，比如瘦肉、鸡蛋、动物肝、鱼等。很多谷类和蔬菜也含有较多的铁质，同时补充一些维生素C，帮助铁质的吸收。要是还不放心，可以去向医生咨询，补充一些复合铁剂。

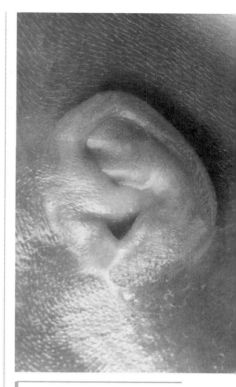

※ 第五个月胎儿局部图——耳朵
　　我已经可以听见爸爸妈妈的声音了！

※ 鸡蛋中富含铁质，这个阶段妈妈一定要注意多吃富含铁质的食物。

第 21~24 周：练习吮吸

DIERSHIYI~ERSHISI ZHOU LIANXI YUNXI

这段时间我又变漂亮了一些。谁说我吹牛来着？你瞧瞧，我的嘴唇、眉毛和眼睫毛都已经很清晰了，怎么看都算得上眉清目秀吧。我的头发也不再是稀稀拉拉的几根，越来越浓密。身材的比例也比以前更匀称。我的皮肤变厚了，已经看不见皮肤下的血管。唯一不尽如人意的地方就是身体的皮肤还是红红的，而且很多皱褶。不过这只是暂时的现象，过一段时间皮下脂肪生长以后，我的皮肤就会变得光滑圆润了。

我的听力比以前更好了。不仅能听见爸爸妈妈的谈话声，甚至还能听见妈妈的心跳声和肠胃蠕动的声音。现在的我对声音十分敏感，要是爸爸妈妈对我温柔地说话，我就会非常开心。要是他们给我放优美柔和的音乐，我也会安安静静地听着。可要是家里响着节奏较强的音乐，或是父母吵吵嚷嚷的话，我的心跳就会加快，并且烦躁不安，在妈妈的肚子里来回折腾。所以啊，爸爸妈妈还是多给我听听舒缓的音乐，或是多和我聊

※ 第六个月胎儿图
这个时候的我已经在为出生做准备，开始练习吮吸了。

聊天，给我讲讲故事什么的，不过千万不要吵架或是制造太多噪音哦！

优美的音乐和有趣的故事是我的最爱，它们不仅能让我心情愉快，还能培养我在音乐和语言方面的能力。没准我就是未来的贝多芬、莫扎特或是莎士比亚呢。

我时不时将手指放在口中吮吸。你说这是个坏习惯？这话可就不对了。我现在吮手指是在为出生做准备呢。出生以后，我需要通过吮吸母乳来获得营养，所以现在就得练习吮吸反应。我在吮手指的过程中，慢慢地完善吮吸动作，将来一出生，就能驾轻就熟地吃到母乳啦。

由于我的身体越来越大，膨胀的子宫向上压迫到妈妈的肺部，使妈妈的呼吸越来越困难。妈妈的体重不断增加，而且隆起的腹部破坏了身体的平衡，妈妈不得不挺起肚子走路。这让妈妈的行动变得迟缓，而且很容易就会感到疲劳，更不用说腰酸背痛了。有的时候妈妈的腿部会出现痉挛的现象，这时尽量将腿伸直，或者做做按摩。妈妈的腿肚子和膝盖内侧还有静脉曲张的情况。这是因为体重的增加影响了四肢的血液循环，回流的血液就会让一些血管扩张。这个问题很好解决，只要保持血液循环顺畅就行了。妈妈不要长时间坐着或者站着，睡觉时可以在腿部垫上一些东西使腿部抬高，有利于静脉回流。爸爸在这个时候也别闲着，一定要多帮妈妈做做按摩。

要缓解疲劳和身体的不适，妈妈还可以选择适当的运动。

妈妈一直都小心翼翼的，生怕我出现什么问题，连以前最爱的体育活动都省了，这样对妈妈和我并没有什么好处。

适当的运动不仅可以使妈妈很快适应怀孕时期的变化，而且还能使身体做好分娩的准备。运动能锻炼肌肉、关节和韧带，这在妊娠期可以缓解身体的疲劳，在分娩期就能减轻疼痛，还能使产后恢复加快。

运动的方式多种多样，妈妈可以选择自己最喜爱的来进行，比如游泳、散步、有氧体操等。

游泳是非常适合妈妈的运动，尤其适合在这个月和下个月进行。现在经常参加游泳活动可以增强妈妈的心肺功能，而且在水中浮力大，可以减轻关节的负荷，消除浮肿、缓解静脉曲张。

不过妈妈在游泳时一定要选择卫生条件较好，人也少的地方，水温也最好不要太凉。当然，妈妈身边一定要有家人的陪伴，要是有爸爸的陪伴就更好了。

妈妈脸上和身上的妊娠斑变得更大更明显了，这是激素惹的祸。

由于受到大量激素的影响，妈妈胃肠道平滑肌的张力有所减退，小肠的蠕动相应减少，胃排空的时间也延长了。同时，由于变大的子宫压迫肠道，使食物残渣堆积在肠道中不容易排出，这就造成了便秘。有的时候直肠或者肛门处还会出现淤血，形成痔疮。激素还使妈妈的手指脚趾以及全身的关节韧带变得松弛。这些都让妈妈很不舒服。唉，这都是我造成的，妈妈你可千万别生我的气啊！为了预防便秘这些现象，妈妈应该多多喝水，多吃纤维丰富的食物，如各种粗粮和含纤维丰富的蔬菜水果等，千万别再因为贪一时口腹之欲吃什么四川火锅之类辣的东西，

小知识点

补钙需要补磷、镁

除了众所周知的钙以外，磷和镁也是骨骼和牙齿的重要组成成分。

磷和钙一起作用，参与牙齿和骨骼的形成，所以妈妈在补钙的同时，也需要补充磷，并且比例最好是钙：磷为2：1左右。

镁也是形成骨骼的重要元素。当体内钙质不足时，镁可以稍稍地代替钙。除了参与骨骼的形成，镁还与钾、钙、钠一起维持着肌肉神经的兴奋性，对维持心肌的正常结构和功能也有重要作用。但是过多的镁也会影响骨骼的钙化，所以对镁的补充要适量。

胚胎和胎儿生长

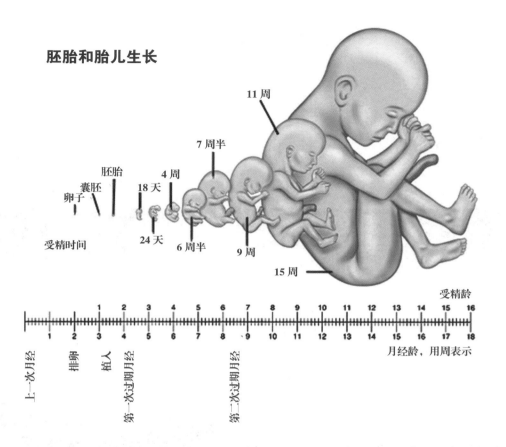

11 周

7 周半

4 周

18 天

胚胎

囊胚

卵子

受精时间

24 天

6 周半

9 周

15 周

受精龄

月经龄，用周表示

上一次月经

排卵

植入

第一次过期月经

第二次过期月经

还可以补充一些维生素 B。

这段时间我继续吸收大量的铁质，对钙的需求也增多了，这是因为我的牙齿开始发育。别人说，牙好，胃口就好。为了我以后有一口漂亮的好牙，妈妈你一定别忘了多补钙呀。

其实现在我要出生的话，已经能存活一段时间了。我可不是说自己现在就想出去。我的呼吸系统还不完善，就算能存活一段时间，也撑不了太久。我还是喜欢在妈妈温暖的子宫里待久一点。

※ 胎儿 1 ～ 15 周发育过程图解
真是个奇妙的过程啊！

PART6

第 6 章

成长日记（下）
——准备出行

怀孕的最后 3 到 4 个月是我发育的第三阶段。在第三阶段里，我的体重继续增加，各个器官都基本发育完善，开始进入"调试"阶段，为出生做好准备。

第 25~28 周：开始做梦
DIERSHIWU–ERSHIBA ZHOU KAISHI ZUOMENG

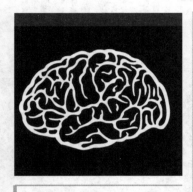

※ 这段时间我的大脑活动非常活跃，已经开始做梦了。

　　这个月是我大脑发育的高峰期。我的大脑细胞迅速增殖分化，神经细胞的数目增多，神经细胞上的突起和分支也增加了。大脑的体积变大，而且大脑皮层的表面开始出现纵横的沟回。我的大脑活动非常活跃，除了能够控制自己的身体，随心所欲地在子宫中转动，还开始做梦。嘿嘿，想知道我梦见的是什么？偏不告诉你。

　　为了有助于我的大脑发育，这段时间里妈妈可以多吃一些健脑的食品，比如核桃、花生和芝麻等。

这些食物能为我大脑的发育提供充足的营养。

我是越来越聪明，也越来越漂亮。虽然还是很瘦，但皮下脂肪的出现让我不再是皱巴巴的小猴子模样。

这个月我终于可以睁开自己的眼睛了，视神经也开始发挥作用。我好好打量了一番周围的世界。隔着妈妈的肚皮，我能隐隐约约看见外面晃动的人影和景物，这真让人兴奋。除此之外，我还能感觉到爸爸妈妈的抚摸。有的时候我用拳头捶捶妈妈肚皮，她就会抓住我的小拳头，真的很好玩。妈妈，你现在都能区分我身体的各部位了吧。像一个小球一样，还硬硬的是我圆圆的脑袋；不规则，又软软的是我的小屁股；宽宽的那是我的背部；小而不规则，还老动来动去的是我的手和脚。

我每天睡觉的时间比以前减少了。这是必然的，你想想，有多少东西我要观察呀。外界的每一点动静，每一股光线，都能让我研究上好半天。我隔壁的兄弟却比我安静得多，只有当我闹腾得太厉害时才会给我一拳或踹我一脚让我安静下来。你瞧，性格的差异现在就开始体现了。

我身体内的各个系统都开始完善，但肺部还需要一定时间的发育才能成熟。所以我还是不断练习着呼吸运动。由于妈妈怀的是双胞胎，所以在这个月就分娩的可能性很大。要是我现在出生，在医院呼吸机的帮助下，一般也会存活下来。但我还不想现在出去呢，多在妈妈肚子里待一段时间不是更好吗？

要预防早产，妈妈就一定要多休息，尽量减少走路和长时间站立，还应该到医院去做做检查，听听医生怎么说。

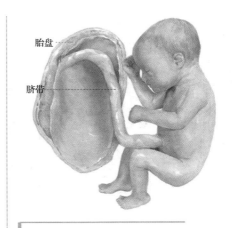

胎盘

脐带

※ 第二十六周胎儿图
我每天睡觉时间比以前减少了，体内各个系统都开始完善，但肺部还需要一定时间的发育才能成熟。

你知道吗？

人的性格气质在胎儿时就开始萌芽了

一般来讲，胎儿在第1个月时就会对周围的刺激有反应，在第2个月时受到刺激时会通过蹬腿、摇头等动作，来表达自己是喜欢还是讨厌，到了第6个月时会因妈妈不高兴、与别人争执、哭泣等而不满，会发脾气。当受到外界的压迫时，胎儿会猛踢子宫壁，以示抗议。听到讨厌的声音后，会因为不愉快而躁动，或拼命吸吮手指。

孕妇发怒时体内分泌大量去甲肾上腺素，导致胎儿缺氧。这时，胎儿会因惊恐或不安而发很大的脾气，如在子宫里的不规则活动增多，以示自己的愤怒。

随着我的生长，妈妈越来越辛苦。原先的腰酸背痛一点没减轻，还越来越严重。如果有热水袋的帮助或者多做按摩，这种情况就会得到缓解。不过最重要的是站立时姿势正确，抬头、挺胸，尽量挺直后背，这样就不会给坐骨神经太大的压力，也就能减轻臀部和大腿的疼痛。

便秘、痔疮的情况也没有好转，妈妈还得坚持吃含纤维丰富的食物。

皮肤的汗腺和皮脂腺功能过于旺盛，妈妈不停地出汗，严重时甚至会引起皮肤糜烂。身上的妊娠斑越来越大，腹部和大腿处还出现了一些紫红或暗红色的纹路。这叫做"妊娠纹"，是因为腹部的持续增大导致腹壁皮肤弹力纤维被拉伸，最后甚至会断裂，再加上增多的肾上腺皮质激素的搅和而造成的。虽然很难看，但妈妈也不用太放在心上。这些妊娠纹会和妊娠斑一样，在产后的几周内因为激素的减少而减退，就算不能完全消失，也会变成不太明显的银白色。

还有一个新出现的问题：就是记忆力减退。妈妈常常忘记钥匙放在哪里，或是拉开冰箱门却不记得要拿什么。不用紧张，这也是孕妇普遍会出现的状况。这可能是因为睡眠不好导致注意力下降造成的，也可能是激素对大脑的作用而引起。这种现象也会在产后消失。

虽然问题多多，但还是有值得高兴的事。爱美的妈妈在照镜子时突然发现自己的头发越来越强韧有光泽。这应该归功于身体内的一种激素，它能让头发变好，增长的速度也加快。

第 29~32 周：
活动空间变小了

DIERSHIJIU~SANSHIER ZHOU
HUODONG KONGJIAN BIANXIAO LE

　　随着皮下脂肪的增厚，我又变胖了许多，不过这是为了减少分娩时的震荡所准备的，最好不能少。身体的变大使羊水的比例减小，我活动的空间也减少了，再也不能像前几个月一样随意地在子宫中翻跟头跳舞，就连手脚的活动也受到限制。这可真憋屈啊，我只能不时地蹬蹬腿、挥挥手表示自己的不满。

　　身体长度的增加逐渐缓慢下来，但体重却飞速增加。在出生前的这几周里，我的体重差不多能增加两三斤！

　　我的身体发育基本上已经完成，肺部也成熟了许多，基本上具有了呼吸的能力。我的消化系统也已经完全准备就绪，能够分泌消化液。骨骼日趋成熟，肌肉也更加发达。

　　妈妈急剧膨大的子宫向上挤压，子宫底已上升到了横膈膜处，使妈妈一直觉得胸口憋闷、呼吸困难，连吃东西都会觉得不舒服。不过这种情况很快就会得到缓解，因为我的头部不断增重，很快就会因为头较重而头朝下脚朝上，逐渐下降到子宫颈。这样一来，子宫对内脏的压迫就减小，妈妈也会舒服很多。

　　妈妈的行动越来越不方便，脚部的浮肿也更加

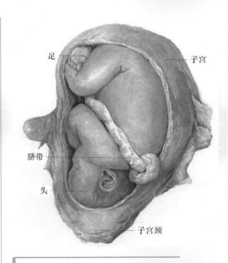

※　胎儿头部下降。随着皮下脂肪的增厚，我又变胖了许多，身体的变大使羊水的比例减小，我活动的空间也减少了。

怀孕过程中女性身体变化

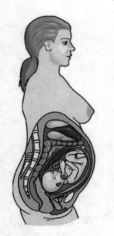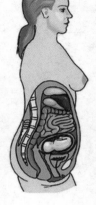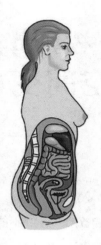

（a）妊娠早期　　　　（b）妊娠中期　　　　（c）妊娠晚期

※　妈妈怀孕期间的身体变化

严重了。这个月是中毒症的高发时期。中毒症的主要症状有高血压、浮肿、蛋白尿等。而且怀有两个或更多孩子的妈妈和高龄的妈妈们更容易出现中毒症。所以如果妈妈脚上的浮肿现象很严重，或是脸上手上出现浮肿现象的话，就一定要去医院做相关的检查。有时妈妈还会觉得肚子一阵一阵地发紧或者变硬。这是正常的假宫缩现象，一点都不用担心。

这段时间妈妈的心脏负担很重。其实心血管系统的变化很早以前就开始了，血容量从我6到8周大时就开始逐渐增加，到现在达到了最高峰，大约比正常情况下增加了30%~45%，平均增加1 500ml。由于其中血浆的增长高于红细胞的增长，使得血液相对稀释，所以可能会出现贫血的症状。由于血容量增加，心脏的输出量会慢慢升高，这就会加重心脏的负担。妈妈心脏每次收缩排出的血液量比未怀孕的时候增加了1/3。妈妈的心率也会加快。随着子宫不断增大，膈肌也不断上升，心脏受到挤压，这更加重了心脏负担。要是妈妈本身就有心脏病的话，这几周非常容易发生心力衰竭，严重的会导致子宫淤血或者缺氧，进而引发我的死亡。

要是检查出妈妈有心脏病，那就得早早住院。

就算没有心脏病史，也要尽量减少对心脏的负担。除了足够的休息，避免重体力活，少吃盐以外，很重要一点就是睡眠的姿势。很奇怪吧，睡觉也会对心脏有影响呢？妈妈的子宫增大以后，如果还采用仰卧的姿势，巨大的子宫就会压迫到腹部的腹主动脉，这就造成子宫动脉压力的下降，同时增加下腔动脉和下腔静脉的压力，使血液不能流回心脏，心脏的搏出量减少，对全身各处的血液供应减少，妈妈就会觉得头晕胸闷，还会出现低血压。这对我也不是件好事。血流的减少直接导致我的食物减少。我可不喜欢饿肚子。那么右侧卧呢？妈妈的盆腔左侧有乙状结肠，使增大的子宫不同程度地向右旋转，要是睡觉时再向右侧卧，就会让右侧的输尿管受到挤压，对右边的肾脏也不好。要是妈妈睡觉时采用左侧卧的姿势，就可以减轻对腹主动脉的压力，从而改善心血管系统的血液流动，保证血液的畅通。你瞧，还是左侧卧最科学。

现在我对各种营养物质和微量元素的需求达到了最高峰。我生长发育所需的钙、磷、铁等基本上都是最后这两三个月积累的。所以妈妈一定要多多补充蛋白质、维生素和钙质、铁质等，还要注意少摄取高盐高热的食物，防止自身过度发胖。

妈妈的心情越来越紧张，我完全感受得到。这个时候爸爸一定要多多安慰妈妈，还可以买一些有关分娩方面的书，加强对分娩的了解，减轻恐惧感。和我聊聊天也是不错的选择哦！

对了，现在爸爸妈妈可以开始给我准备一些衣服和生活用品啦。记住，要舒服而且漂亮的！

你知道吗？

宝宝在妈妈肚子里的时候就会笑了

英国科学家发现，婴儿并不是在出生后才学会笑的，而是在出生前数周就学会了微笑。科学家在使用4D彩超时，已经捕捉到难得一见、胎儿出生前微笑的画面，而且还看到他们会眨眼。

胎儿为什么会笑？这让很多人百思不得其解。有些专家认为这是一种情绪或生理反应，为帮助胎儿出生后适应外面的世界所做的准备。但为什么出生后的新生儿反而不会笑呢？专家们认为，这种现象可能意味着胎儿在子宫中时是无忧无虑的，不受到什么干扰，而出生后数周内因置身于一个全新的陌生环境中，使他们受到了一些"创伤"，所以他们就不会笑了。

第 33~36 周：长胖了

DISANSHISAN~SANSHILIU ZHOU ZHANGPANG LE

皮下脂肪的积累让我的皮肤变得光滑，身体也变得圆滚滚的，子宫里的空间几乎都被我填满了。我的手指上还长出了指甲。不过我的指甲长度一般不会超过指尖，所以妈妈不用担心被我划伤。我现在的样子和那些刚出生的婴儿没什么两样。你瞧瞧，我的头发比他们中的好些人还要浓密呢。

我身体中的大部分骨骼都已经很结实了，唯独头骨还很柔软。这就是造物主的神奇所在，他把一切都安排得井井有条，每一个细节都有存在的理由。

※ 这就是支承我生命孕育的子宫和胎盘。

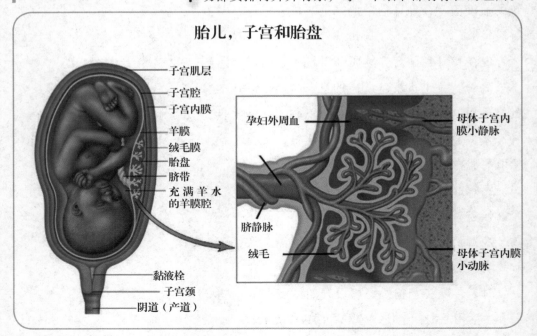

胎儿，子宫和胎盘

- 子宫肌层
- 子宫腔
- 子宫内膜
- 羊膜
- 绒毛膜
- 胎盘
- 脐带
- 充满羊水的羊膜腔
- 黏液栓
- 子宫颈
- 阴道（产道）

- 孕妇外周血
- 母体子宫内膜小静脉
- 脐静脉
- 绒毛
- 母体子宫内膜小动脉

柔软的头骨能为我的出行提供便利。你想想，我要穿过狭窄坚硬的骨盆，要是头骨不能稍稍做出些"让步"，岂不是会被卡住出不去?

至于我身体内部的各种器官，基本上各就各位开始工作。我的肾脏、肝脏甚至能处理一些代谢废物了。我的生殖器官发育也已经接近成熟，睾丸已经从腹腔降入了阴囊。要是女孩的话，现在大阴唇也已经明显隆起了。

由于我的头朝下开始下降，所以对上面的内脏压迫减小，但对膀胱的压迫增加。妈妈终于能够顺畅地呼吸和进食，但又添了频繁去洗手间的毛病。肚子发紧变硬的次数也越来越多，还会觉得腹部有坠痛感，骨盆附近的肌肉和韧带也仿佛被拉扯着阵阵酸痛，这些都是我逐渐下降所造成的，做做孕妇体操应该有所缓解。妈妈，再坚持几周，一切都会好起来的。

沉重的腹部让妈妈疲惫不堪，其实现在妈妈最要紧的就是好好休息，千万别再逞强做过多的家务了。走路、上楼、洗澡什么的也要尽量动作轻缓，要是一不小心滑倒，我就会提前面对外面的世界了（不过，就算我现在降生，也有九成的把握活下来！）。

从现在开始，妈妈应该每周去医院做一次临产检查。自己在家的时候也要随时监测我的情况，例如听听我心脏的跳动，还有数一数我的活动次数之类。

其实这两项工作爸爸妈妈很早就开始做了，它们都是判断我是否正常的重要标准。

先说说我心脏的跳动吧。从大约第20周开始，

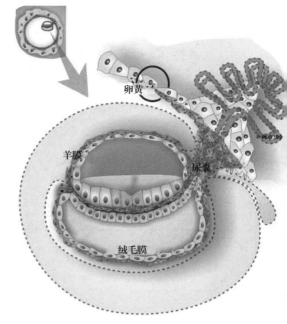

卵黄

羊膜

尿囊

绒毛膜

※ 当然，还不能少了包裹我的胎膜。

※ 小心驶得万年船，在这最后关头，一定要谨慎再谨慎。

你知道吗？

宝宝在妈妈肚子里的时候还会撒尿

胎儿在妈妈的子宫里不仅会吞咽羊水，也会撒尿。这是胎儿生长发育必不可少的一个功能。在妊娠中期以后，羊水量在很大程度上决定着胎儿的尿量。因此，胎儿不撒尿肯定是有问题的。

羊水过少一般会考虑是胎儿的泌尿系统存在着畸形。如果妊娠中期羊水比正常要少，就要考虑到胎儿的肾脏特别是泌尿系统有问题，一定要到医院做进一步检查。

爸爸只要把听诊器的听筒放在妈妈的肚子上，就能听见我的心跳声，这就是"胎心音"。正常情况下应该是坚定有力并且有规律的，每分钟大约120到160次。要是我的心跳速度突然减慢或者突然加快，这就要注意了，我八成出现了什么问题，爸爸妈妈赶快去医院检查检查吧。

我的活动次数又叫做"胎动"，这就只能靠妈妈自己才能感觉了。前些日子我的活动很频繁，但现在由于头部开始下降，我的活动次数稍稍有些减少。我在上午和晚上活动最多，下午稍稍安静一点。要是妈妈发现我的活动减少得很多，那就不太正常，一般来说只有在缺氧的情况下，我为了减少氧气的消耗，不得不减少自己的活动。所以啊，要是发现我不再那么活跃，没准就是快要窒息了呢。

一旦有这些异常情况出现，就要赶紧去医院。总之，小心驶得万年船，在这最后关头，一定要谨慎再谨慎。

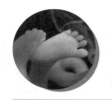

第 37 周以后：蓄势待发

DISANSHIQI ZHOU YIHOU XIUSHIDAIFA

这是我待在妈妈肚子里的最后一个阶段。这几周主要是在为我的出生作最后的准备工作。

我的身体上本来覆盖了一层细细的胎毛，现在它们都脱落了下来，我的皮肤越来越光滑。由于这些脱落的毛发以及某些分泌物的产生，羊水开始变得有点混浊，不再是原来的清澈透明，而微微带上些白色。

我的活动渐渐减少。这是最后阶段，总不能像原来一样瞎胡闹，得积蓄一点精神了。我慢慢调整身体各器官的功能，除了肺部需要在出生后的几小时内完善功能以外，其余所有器官都已经准备就绪。

我的身体慢慢下降，你看，我现在的姿势是不是很像一颗蓄势待发的鱼雷？只要妈妈的身体发出最后的指令，我就会用尽全部力量冲出去。

差点忘了，在这之前，妈妈还去医院做了最后的产前检查。这也是不能省的步骤哦。最后的产前检查可以帮助爸爸妈妈判断我的生长和健康状况，

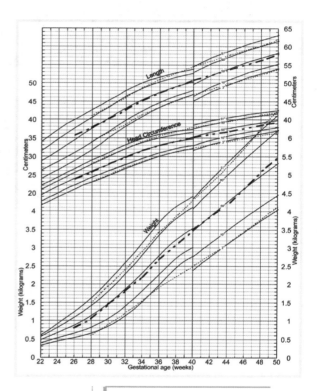

※ 怀孕后期胎儿生长曲线图

生活方面的基本知识

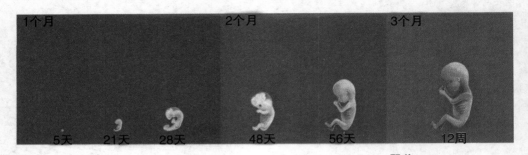

1个月　　5天　21天　28天　　2个月　48天　56天　　3个月　12周

婴儿

4个月　5~6个月　7~9个月

※ 整个孕期胎儿发育过程图解

决定到底采用什么样的分娩方式。举个例子来说吧，要是发现我周围的羊水太少，那么我可能会在分娩的过程中缺氧，最好采用剖宫产。如果羊水过多，那么妈妈可能需要服用一些药物等。

回顾在子宫中的这十个月，感觉就像一场梦一样。我本来只是一颗连肉眼都难以识别的受精卵，却神奇地成长为一个好几斤重的大胖小子。世间还有什么比这个更加奇妙呢？

此刻妈妈正在医院的病床上焦急地等待我和隔壁兄弟的出生，爸爸也在她身旁不断说着安慰鼓励的话。这些话不但是对妈妈的鼓励，也是对我的鼓励。放心吧，我绝对不会让你们失望的！

妈妈的腹部开始了一阵一阵有规律地收缩和放

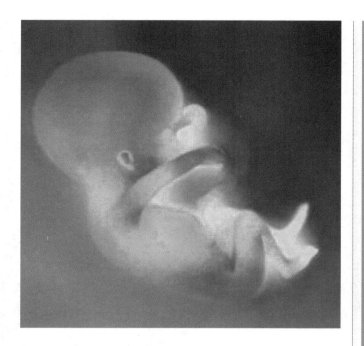

松。这预示着我即将迎来出生前最后的一段旅程。

最后一场战役的号角终于吹响了，我和隔壁的兄弟争抢着第一个出去的名额。外面的世界，我来了！

你知道吗?

胎儿在妈妈肚子里会哭

据英国《卫报》报道，科学家首次使用4D超声波成像系统时发现，婴儿在出生前数周就已经会大哭不已了。

研究专家认为，婴儿啼哭大多发生在妊娠末期或临产之前。有些胎儿的哭声比较微弱，呈现轻微的低鸣；有的胎儿的哭声则是大声抽泣样的啼哭。通常，胎儿的啼哭声有些是在妈妈腹部听到的，有些则是在妈妈的耳朵处听到。

专家认为，胎儿在子宫里发生啼哭的原因很多，但主要是胎儿在妈妈的子宫里感到不适，甚至是危险的预兆所引起。因此，一定要重视胎儿的啼哭。一旦发现这种情况，应该尽快去找医生就诊。

小知识点

准妈妈基础代谢知多少

妊娠中期后，随着氧的消耗及胎儿活动的增加，妈妈的基础代谢率逐渐上升。晚期比平时约增长10%，每日需热量2 500卡。孕妇的体重至足月妊娠时平均增加10~12千克，妊娠前半期约增加3~4千克；后半期约增加6~8千克。胎儿、胎盘、羊水的总重量约为5.5千克，这部分在分娩时排出，增重的其余部分则在产后逐渐减轻，约至产后3个月恢复正常。

小知识点

子宫最大负荷知多少

随着胎儿的生长，妈妈的生殖系统变化很大，特别是子宫。至妊娠末期，子宫的重量由未孕时的50克增至1 200克左右，约增加24倍；体积由未孕时的7×5×3厘米增至35×25×22厘米；容量也扩大至4 000~5 000毫升，比未孕时增加1 000倍！随着子宫的增长，子宫内的血管也增多，子宫内的血流量比平时增加4~6倍。

PART 7

第 7 章

出行路漫漫（上）
——妈妈的忧虑

我和隔壁的兄弟已经在妈妈的肚子里待了将近十个月，随着出行的日子越来越近，妈妈和爸爸的忧虑也开始了——到底用什么方法接我们出来呢？

肚子上挨一刀吗?

DUZI SHANG AI YIDAO MA

　　我和隔壁的兄弟已经在妈妈的肚子里待了将近十个月,随着出行的日子越来越近,妈妈和爸爸的忧虑也开始了——到底用什么方法接我们出来呢?

　　爸爸和妈妈凡事总是以我和兄弟为先,这个时候最先考虑的也是什么方式对我们最好——是让我们经受产道的考验,还是让我们轻轻松松由医生接出子宫?

　　要是产前的检查发现我和妈妈有某些异常情况,通常医生会建议剖宫产。例如妈妈的骨盆过于狭窄、妈妈的年龄过大、产前身体状况出现问题,或者我的体型超标、位置不正、心跳不正常或者缺氧,甚至医生们发现脐带、胎盘出现了问题等,都会建议妈妈进行剖宫产。对了,要是像我一样还有个兄弟一起存在,那就更有必要实行剖宫产了。

　　听上去好像剖宫产是个不错的主意:我不需要考虑在分娩过程中会遇到的产道难通过等问题,也不用担心出行的时间太长以后变白痴,甚至连手都不用抬一抬;妈妈也不需要忍受十多个小时的痛苦煎熬,也不用担心阴道等地方被撕裂,还不用紧张我的安危,只需要在手术台上一躺,就等着医生在妈妈肚皮上划一刀将我取出来。你瞧,多干脆爽快!

可为什么医生们还是嚷着要健康的妈妈们尽量采用自然分娩的方式呢，难道是他们想减少工作量？这可就是以小人之心度君子之腹了。自然分娩可不会让医生们轻松，这些白衣天使是为了我们胎儿和妈妈们的健康着想呢。

剖宫产毕竟是手术，手术就有风险。剖宫产首先会给妈妈带来很多麻烦。

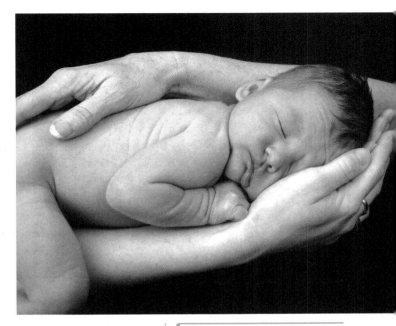

很多妈妈选择剖宫产的一大原因恐怕就是认为它"不会痛"。在有麻醉剂发挥作用的手术过程当中当然是不痛的，可手术结束以后呢？麻醉剂的效果总不能一直维持下去吧。手术后的疼痛恐怕会让很多妈妈后悔当初的决定。

※ 有一个有趣的说法是，如果我们没有经过产道的"按摩"，长大后恐怕会比其他宝宝更容易患上精神方面的问题。

痛苦总会消退，所以这还不是剖宫产的最大问题，它对妈妈身体的损伤才要命呢。在剖宫产的过程中，出血量大这一点就不用说了，能达到阴道分娩的一倍甚至更多！剖宫产后的并发症也比阴道生产的妈妈们要多得多。感染和麻醉的后遗症都不少见。单说很容易导致妈妈死亡的羊水、空气栓塞吧，剖宫分娩的妈妈死亡率就比自然分娩的高出十多倍！它还容易使妈妈的肠道、腹腔发生粘连，以后常年腹痛，或是子宫内膜出现炎症。据统计，剖宫产后的子宫内膜炎发病率达到38.5%，而自然分娩的妈妈中仅仅有1.2%的人会受到该病的困扰。

※ 剖宫产恰恰最容易造成妈妈气血两亏，我可不想整天挨饿。

手术造成的伤口也没有那么快愈合，怎么也得在医院里待上一周，可那些自然分娩的妈妈们两三天前就能出院了。

要是妈妈还想将来再给我添几个兄弟姐妹，就更不能采用剖宫产了。你想啊，子宫上留下的疤痕要长好都不容易，更别提将来再次怀孕拉伸了。

妈妈说，自己受点伤害不要紧，只要对我好就行。那么剖宫产对我有没有影响呢？答案是肯定的，不仅有影响，还是很大的影响呢。

首先，剖宫产之前医生需要对妈妈进行麻醉处理。在麻醉的过程中妈妈的神经功能会受到抑制，导致低血压的出现。此外长时间的仰卧让巨大的子宫压迫妈妈的下腔静脉和腹主动脉，回心的血量减少，也会出现低血压。我得到的血液减少，好容易缺氧的。

而且，要是没有经过妈妈产道的挤压就轻轻松松就来到外面的世界，滞留在肺和呼吸道中的羊水会给我带来一系列并发症，如湿肺、肺不张和肺透明膜病等，甚至会引发我们窒息和死亡。而经过妈妈产道的挤压，我就能很好地避免这些问题。经由妈妈产道有规律的收缩，我呼吸道中 1/3 到 2/3 的液体会被挤压出来，这就保证了我出生以后能顺利呼吸。

还有一个更有趣的说法，那就是如果我们没有经过产道的"按摩"，长大后恐怕会比其他宝宝更容易患上精神方面的问题。在自然分娩的过程中，我的身体会被有节奏地挤压，这种刺激信息通过我的外周神经传到了中枢神经，然后经过分析和反馈，使我能够以最佳的姿势、最优的路线通过产道。你瞧，这就是对我大脑的锻炼。在产道中的经历绝对可以算得上我智力开发的第一课。这些压迫、刺激、环境的逐渐改变等，都会对我将来的性格造成影响。不少研究人员都发现，剖宫产出生的宝宝，由于没有经受子宫收缩的影响和产道的按摩，长大后往往会出现性情急躁、缺乏耐心的情况，而且很容易患上精神忧郁症。因此可以说，产道的挤压一方面为我的出行提供了动力，另一方面，也为我的许多器官提供了一个很好的锻炼机会，使我能有一个更好的体质来面对未来的人生。这可是关乎我未来的"终身大事"呀！

即使上面的可怕情形不会出现，剖宫产毕竟是手术，妈妈的失血量要远远大于自然分娩的失血量，要知道乳汁可是妈妈血液的一部分，只要妈妈气血充足，乳汁的分泌也就充足。而剖宫产恰恰最容易造成妈妈气血两亏，我和弟弟可不想整天饿肚子。

讲了这么多，口干舌燥的，大家总该明白我的意思了吧？剖腹分娩只是在万不得已的情况下才采取的非自然手段，并不适合健康的妈妈。自然分娩是千万年人类进化过程中经过了自然界检验的分娩方式，不仅对妈妈的身体损伤最小，也是对我们胎儿最有利的分娩方式。所以妈妈们千万不要为了体型好看，或是害怕一时的疼痛为了减少分娩时间而盲目选择剖宫产啊！

需要帮助吗?

XUYAO BANGZHU MA

好吧,妈妈现在已经决定采用自然分娩的方式了,不过自然分娩也分为两种呢。一种就是自然的阴道分娩。这是在我和妈妈的状态都正常的情况下完全靠产力把我推出体外。这是最理想的分娩方式,结果也对我和妈妈最好。遗憾的是这种完全靠自己的生产方式比例并不是很大,妈妈们或多或少需要一些外界的帮助,这就是下面要提到的分娩方式了。

另一种自然分娩的方式是人工辅助的阴道分娩。这种分娩方式是当分娩过程中出现子宫收缩乏力或者分娩的时间拖得太长,但还不需要剖宫产的时候采用的方法。这种时候医生会给妈妈一些药物加强子宫收缩,减少分娩的时间,或者进行一些小手术帮助我的出生。有的时候需要使用产钳或者真空吸引的方法帮助我出来。这对我来说是一种考验,这些方式有可能会导致我的头部肿大,甚至在使用不当的情况下导致我颅内出血。还有的时候虽然医生不需要对我使用什么器械,但需要对妈妈进行会阴侧切,通过扩大产道的出口来帮助我出来。这对妈妈来说就会痛苦一点。我们出生要经过骨产道和软产道,会阴就是软产道的最后一关。为了防止会阴撕裂、保护盆底肌肉,或者为了加快产程,很多采用阴道分娩的妈妈都会接受会阴侧切手术。

虽然人工辅助阴道分娩与自然阴道分娩相比有一定危险性,但怎么都比妈妈肚子上挨一刀好得多,对不对?

可以不痛吗？

KEYI BUTONG MA

爸爸妈妈虽然已经决定要采用阴道分娩的方式，不过妈妈的顾虑还是没有消除，只是现在的忧虑变成了分娩的疼痛该怎么消除？

其实，妈妈想要减少对自身和我们的伤害，又最大限度地减轻分娩过程中的痛苦，并不是一点办法都没有。你瞧，不是有聪明的医生想出了"无痛分娩"的招数吗？

想要无痛分娩，首先要搞明白的就是为什么分娩会痛？

分娩的疼痛主要是子宫收缩、肌肉紧张造成的。当子宫收缩时，韧带被拉伸，神经末梢感应到这种变化，当然就会引起妈妈的疼痛。要是妈妈心情紧张，或是对分娩充满恐惧的话，就更容易引起肌肉的紧张，同时刺激大脑对疼痛的敏感性，疼痛也就越来越难以忍受了。

想要减少疼痛，就要从上面几个方面着手。减缓子宫的收缩？这当然能减轻疼痛，但我可就出不来了。这一方面没得办法可想。那么就只能从神经的敏感性上想办法了。

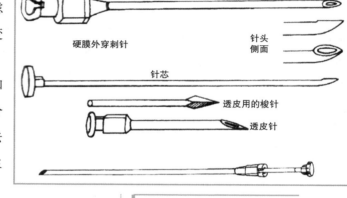

硬膜外穿刺针　　针头侧面

针芯

透皮用的梭针

透皮针

※　对脊椎硬膜外麻醉所用的工具

最有效的方法就是注射麻醉剂了。现在医院里最常用的方法就是局部麻醉。医生在妈妈脊椎的硬膜外腔放置一个导管,然后通过导管给妈妈注入麻醉药,整个过程只需要 5 到 10 分钟,麻醉剂就能阻断妈妈腰部以下的痛觉神经传导,非常有效地减轻分娩的痛苦,而且妈妈还能有宫收缩的感觉。这种方法所需要的麻醉剂量比剖宫产要少得多,而且镇痛的效果发挥很快,安全性也很高。妈妈的活动不会受到任何影响,并且妈妈还能在疼痛减轻甚至疼痛完全消失的情况下顺利进行分娩活动。

很多妈妈一直不敢尝试硬膜外麻醉的无痛分娩是因为害怕麻醉剂对身体和我们胎儿有不好的影响。这大可放心,硬膜外麻醉镇痛所需的麻醉剂量只有剖宫产麻醉剂量的 1/10,甚至更少,所以一般使用麻醉药后会出现的并发症如低血压和头痛出现的概率非常低,就算有,也都很轻微,短时间内就会自然消失,不会对胎盘的供血有太大影响,也不会对

※ 早期的笑气实验

妈妈的身体造成严重的伤害。对于我们胎儿来说，其他的影响就更小了，通过胎盘到达我们身上的麻醉剂微乎其微，根本就不会影响我们的健康。

要是不愿意被扎一针，还可以选择吸入笑气来进行麻醉。笑气学名叫氧化亚氮，它是一种吸入性的麻醉剂。这种气体无色，稍有甜味，完全没有刺激性。妈妈吸入后，不到一分钟就会产生镇痛的效果，对妈妈的呼吸、循环系统和子宫收缩都没有明显抑制作用，对我也没有什么影响，甚至还有好处——由于是按氧气和笑气各 50% 的比例混合的，因此，显著提高了妈妈血液中的含氧量，我当然不会缺氧窒息了。这种方法不仅能让妈妈一直清醒，还能明显地缩短产程。

这些镇痛方法虽然在我们国家才刚刚开始应用，但国外的妈妈们早就开始这样减轻痛楚了。据说美国的孕妇中有 85% 采用了无痛分娩的方式，英国更高达 90%！这可是经过了无数人长时间验证的，还有什么信不过呢？

现在你是不是对麻醉镇痛有所了解了？不过在选用麻醉镇痛的方法之前，还是要进行认真的检查。虽说大多数妈妈都可以采用这种方式分娩，但终有小部分人抽到大奖——麻醉过敏、凝血功能异常或者不能通过阴道分娩等。比如凝血功能异常就有可能在进行麻醉时，形成大血块压迫到脊髓，要是不及时将血块清除，就可能对脊髓造成永久性的伤害。要是妈妈身上时常会出现不明原因的淤血或出血点，或者一个小伤口却出血很久，就应该考虑到自己是不是有凝血功能异常的症状，最好在麻醉前做一些检查。要是妈妈有这些不适合麻醉的病症，就需要想其他的办法了。

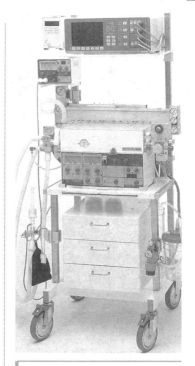

※　现代的笑气设备

你知道吗？

硬膜外麻醉也有风险

如果是在分娩活跃期过早麻醉，麻醉剂会减慢或阻止分娩。然后可能需要注射催产素或破羊水等干预疗法，才能让分娩顺利进行下去。

硬膜外麻醉可能造成血压下降，增加使用产钳或真空吸出装置帮助生产的可能性。

若过早使用硬膜外麻醉腹部失去知觉以及腹部放松会弱化产妇用力的能力。

换种方式迎接宝宝

HUANZHONG FANGSHI YINGJIE BAOBAO

小知识点

卧式分娩由来

相传仰卧式分娩体位源于法国的路易十四当政时，有一天突然心血来潮，想看看他的情妇如何生孩子，为让国王看得清晰，产妇被安排在床上，也许是王心大悦，他就颁令：今后产妇分娩均要躺着。于是，卧式分娩即"流行"开来。

除了麻醉以外，还有一些非药物性的方法可以缓解分娩疼痛。这些方法虽然不像麻醉剂那样起效快而且效果明显，但也能在不同程度上缓解分娩的痛苦。对于那些有麻醉剂过敏或者相关功能异常的妈妈来说，无疑这是一道福音。

要选择这样的镇痛方式，往往得事先练习练习，因为它们可是和常规的分娩方式有点不同哦。

常规的分娩方式就是妈妈仰卧在产床上，靠自己的努力将我们胎儿推出去。不过这种仰卧式分娩的历史远不如立式或者蹲式分娩悠久，也不是最好的分娩姿势。这是因为仰卧会使骨盆的可塑性受到限制，而我们要出去，最重要的就是使头部和妈妈的骨盆都调整到最适合，要是骨盆可塑性受到限制，我们想要出去就得多花一点力气了。不仅如此，我们也失去了重力的帮助作用，这就会使妈妈骨盆和子宫颈更不容易被撑开，痛苦自然增多，分娩的时间也会加长。所以采用一些更加自然的姿势就会减缓痛苦，并缩短分娩的时间。

妈妈们可以尝试一下蹲坐式分娩或者水中分娩。

蹲坐式分娩使宝宝的重量也能发挥作用，妈妈的骨盆就更容易被撑开。而且采用这种分娩方式可

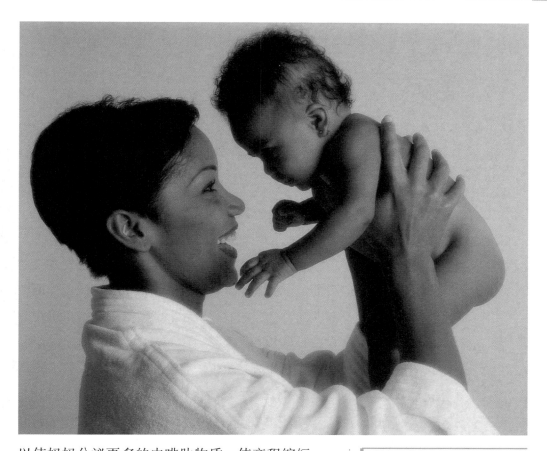

以使妈妈分泌更多的内啡肽物质，使产程缩短，一
般来说，采用这种方式分娩会比平躺着分娩缩短 2 到
3 小时的产程。而且有医生们研究证明，这种方式分
娩的妈妈在分娩后的乳汁分泌也比仰卧分娩的妈妈
多出 1/3，这可能是因为传统的仰卧式会抑制母乳分
泌。要是母乳分泌能增加，我们可就有口福了。

　　水中分娩对疼痛的缓解效果可能比蹲坐式分娩
还要好。和体温相近的温水能够明显减轻妈妈的疼
痛，水的浮力会让妈妈放松，可以把更多的能量用
于子宫收缩，这样可加速产程，缩短生宝宝的时间。
水还能对妈妈的产道和盆腔起到保护的作用。对于

※　妈妈不妨试试用别的方
式迎接宝宝的到来。

小知识点

什么人适于水中分娩?

水中分娩的好处是可以保持自由体位、减轻痛、会阴不侧切，婴儿离开"水环境"可有个缓冲过程。

水中分娩并非人人适合，要看胎儿的大小、胎位等情况。胎儿最好是在6斤半至7斤，胎位最好是头位，最好是脸朝下。

生头胎的、具有流产史的、年龄较大或较小、身患疾病的、产前不知情者均不适宜水中分娩。

小知识点

蹲坐式分娩是人类最早的分娩方式

立式蹲坐式分娩是人类传统的分娩体位，古代巴比伦文物中，一把分娩专用椅被考古学家证实已有2000多年的历史。

在我国古代的史料记载中，妇女分娩是没有固定的体位的。产妇都采取快速、简便、舒适的体位，如站位、蹲位、坐位、跪位、爬位（手膝着地）、侧位、俯位、半卧位及卧位等分娩，但多数采取立位，即站、跪、蹲、坐位。

立式蹲坐式分娩充分利用了地球重力，更能够减轻疼痛，减少难产。

立式蹲坐式分娩还可以减少使用产钳的概率，减少婴儿患细菌感染及急性呼吸道感染的概率。

我们来说，水中分娩也是对体质的极大锻炼。

不过这种分娩方式对环境的要求很高。

首先水温必须保持与人体温相近，这就需要专门的恒温装置。分娩所用的水池也必须经过严格彻底的消毒，分娩过程中还要不时更换用水。这对于设备的要求就很高。

水中分娩对助产医护人员的要求也很高。这是因为水中分娩对我们胎儿来说具有一定的危险性。

我们出生的过程中，只要肚脐以上的部位一露出妈妈身体外，胸腔里的呼吸器官就开始发挥功能，也就是说需要呼吸。要是这个时候我们的头部还浸在水中，就可能将池水吸入肺部，导致呛水等危险，甚至死亡。所以助产的医护人员必须掌握好时间，尽快将新生的宝宝带出水池。这对医护人员的要求就很高。

除此之外，要进行水中分娩还需要宝宝的体重适中，妈妈也要完全健康，并对这种分娩方式有一定了解，最好是参加过相应学习的。

要求这么多，要一一达到并不是一件简单的事，所以现在国内的水中分娩，往往是妈妈在产前泡在水中减少痛苦，真的到了临产前，还得到"岸上"来产下宝宝。

放松，再放松……

FANGSONG ZAI FANGSONG

　　要是妈妈不愿意变换环境和姿势，也有别的办法。这就是一种通过练习，主动进行肌肉放松，然后将阵痛引起的肌肉紧张缓解，从而减少疼痛的方法。这种方法也需要通过一定的产前训练，临时抱佛脚可是不管用的。

　　首先就是练习怎样呼吸。

　　人能感觉到疼痛是大脑皮层中枢神经在起作用，所以，妈妈的精神状态和疼痛有很大的关系。如果思想上对分娩怀着紧张、恐惧的心理，疼痛就会更厉害。但相反，如果把注意力放到其他地方，比如呼吸上，就能转移对疼痛的注意力，而且还可以保持体内氧气和二氧化碳的平衡，妈妈就会觉得没那么痛了。

　　妈妈还是采用仰卧的姿势，但是呼吸时要深深地吸气，当腹部膨胀到最大限度时，再慢慢地吐气，如此反复。在呼吸的时候还可以想想其他令人开心的事，尽量转移注意力。这样的呼吸方式可以增强腹部的肌肉，有利于分娩，还可以减轻疼痛。

　　除了呼吸，妈妈还需要进行一些体力的训练。

　　很多妈妈在这十个月当中都过于小心翼翼，连体育运动也省了，这其实对分娩没有好处。分娩需要子宫收缩力和腹肌、膈肌以及肛提肌的共同作用。

※　孕妇体操特别有利于分娩和产后恢复。建议怀孕妈妈每天坚持做。

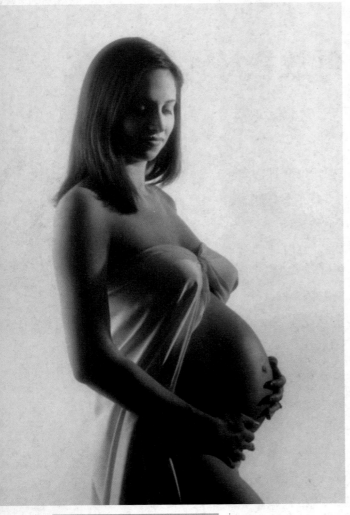

要是妈妈进行有规律的锻炼，不仅可以锻炼肌肉的收缩能力，增加耐力，从而缓解疼痛和不适，还可以保持身体的重量适中，产后也容易恢复得漂漂亮亮。

最简单的运动方式就是散步。

散步可以帮助消化、促进血液循环、增加耐力。要知道，耐力对分娩是很有帮助的。在孕晚期，散步还可以帮助胎儿下降入盆，松弛骨盆韧带，为分娩做好准备。不过妈妈每次散步的路程不要太长，最好选择一些环境好的公园，并且有家人的陪伴。

孕妇体操也是一个不错的选择。这是专为妈妈们设计的，能防止由于体重增加和重心变化引起的腰腿疼痛，还能松弛腰部和骨盆的肌肉。这种体操针对性强，特别有利于分娩和产后恢复。妈妈最好每天都坚持做。

※ 对待产妈妈的建议：多多了解分娩方面的知识，参加一些产前训练班，正确看待分娩过程，那么很容易就会消除对分娩的恐惧了。

还有其他一些运动，比如游泳等，都能够有很好的效果。游泳不仅能增强妈妈的心肺功能，还能利用水的浮力缓解关节的负荷，减轻静脉曲张的程度，增强耐力。

不过要是妈妈患有心脏病或者高血压，或是像我的妈妈一样肚子里有两个宝宝，最好先听听医生的建议。

妈妈还可以用其他一些方法来转移注意力，达到缓解疼痛的目的，比如音乐。要是在分娩的过程中有优美的音乐相伴，妈妈的焦虑就会减轻。心情放松了，肌肉也就随之放松，疼痛当然会减少。要是房间里还有鲜花，或是飘散着能令人放松的香味，那就更美妙了。妈妈一定觉得分娩不再那么令人难以忍受，我的出现也会快得多。

在分娩过程中，要是有爸爸在身旁就更好了。爸爸可以为妈妈擦擦汗，做做适当的按摩，这样可以很好地缓解肌肉疼痛。爸爸能给的安慰也是别人所不能替代的。想想吧，要是一个人躺在产床上，身边只有陌生的医务人员，这该是多么孤单无助啊。有爸爸在身边，一切就不同了，妈妈不再是一人孤身作战，这种感觉也能帮助她对抗疼痛。

哦，对了，也别忘了食物的重要性。要是体能充沛，分娩的痛苦也会减轻。含锌多的食物也会减轻分娩的痛苦。据研究，锌能够增强子宫相关酶的活性，促进子宫收缩。要是锌缺乏，子宫的收缩乏力，自然痛苦增加。严重缺锌时甚至不得不采用剖宫产。所以妈妈在分娩前要注意增加锌的摄取，多吃一些含锌丰富的食物。肉类中的猪肝、猪肾、瘦肉，海产品中的紫菜、牡蛎、蛤蜊，以及豆类食品和花生、核桃、栗子、松子，等等，都是含锌丰富的好选择。

现在无痛分娩的方法越来越多，妈妈们一定可以找到适合自己的方式。只要多多了解分娩方面的知识，参加一些产前训练班，正确看待分娩过程，那么很容易就会消除对分娩的恐惧了。

小贴士

告诫临产孕妇：

一要定期去医院检查，尤其对患有妊娠高血压、胎位异常等症的孕妇，产前最好住院，千万不要外出，以防不测；

二要密切注意腹部阵痛，产前会出现宫缩引起的阵痛，有规律且逐渐增强，一般半分钟到5分钟左右一次；

三要观察阴道排出液，分娩前24~48小时，可出现阴道排出少量血液，俗称"见红"，其量比平时月经量要少，如出血量较多，不应认为是分娩先兆，应考虑前置胎盘可能。

如破水时流出羊水，表明宫口已开，而胎先露（头或臀等），若衔接不良，则易出现脐带脱垂，会危及胎儿生命。故破水后应尽量平卧，抬高臀部，并立即护送至医院。

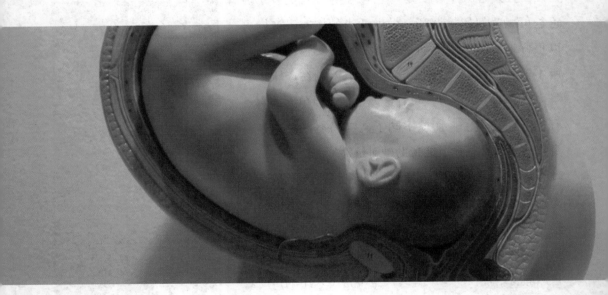

PART8

第 8 章
出行路漫漫（下）
——我来了！

　　我自己身体和妈妈身体内现在正在发生一些微妙的变化，尤其是内分泌的变化。感受到了分娩的启动，我开始做最后的准备工作。

　　最后一场战役的号角终于吹响了，我和隔壁的兄弟争抢着第一个出去的名额。外面的世界，我来了！

TANSUO
· 探索生命的奥秘 SHENGMING DE AOMI

万事俱备，只欠东风
WANSHI JUBEI ZHIQIAN DONGFENG

我已经足够大，身体中的各个器官也都准备就绪，接下来，就是最后的旅程。现在欠缺的只是一股"东风"。

我要的"东风"就是自己身体和妈妈身体内的变化，尤其是内分泌的变化。

我的肾上腺皮质能够分泌大量的肾上腺皮质醇，这种物质可以诱导某种酶的产生，最终导致雌激素合成的增加。雌激素的作用非常重要，它能够对抗使子宫保持安静的黄体酮，还能提高子宫肌的收缩能力，

※ 雌激素与黄体酮反馈。雌激素对抗使子宫保持安静的黄体酮，使子宫产生规律的收缩，启动分娩。

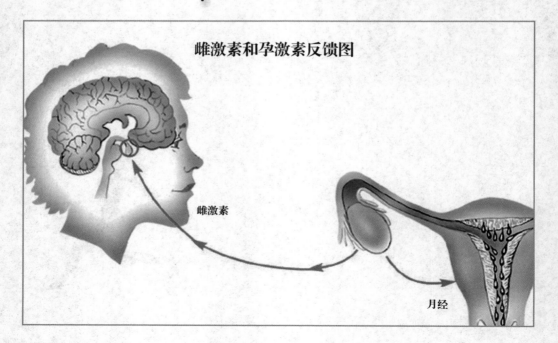

雌激素和孕激素反馈图

雌激素

月经

使其产生规律的收缩。这种激素还能使子宫颈、阴道、骨盆韧带都变得松软。这些都是我出生所必不可少的。

雌激素还会使子宫肌肉对催产素的敏感性增强，并刺激前列腺素的合成。

前列腺素在分娩的启动以及子宫的收缩中发挥着重要作用。子宫的肌肉对前列腺素非常敏感，随着羊水及妈妈血液中前列腺素的增加，子宫壁的张力也逐渐增大。

神经系统也发生了一系列变化。

在我发育成熟以后，子宫就变得很大，子宫内的压力也会发生变化，这些变化会通过神经纤维传递到妈妈大脑。这就是"该让孩子出去了"的信号。妈妈的身体中就会开始分泌催产素，从而引起子宫的收缩，启动分娩。除此之外，我的头部不断下降，这也会对妈妈的子宫颈和阴道部分产生压迫刺激。这些信号同样传到了妈妈的脑中，促使催产素的释放。

摆好 pose

BAI HAO POSE

感受到了分娩的启动，我开始做最后的准备工作。在我要开始旅程的前两周，我的姿势有了一些改变。

一般来说，我们胎儿出行前的准备姿势应该是头朝下，双腿蜷在胸前，两手也紧紧抱在胸口处，整个人尽量收缩，就像一颗小小的"炮弹"。不过有的时候，或许是为了和紧张的妈妈以及医生们开一个玩笑吧，有些胎儿的准备姿势会发生一些小小的变化。有的会屁股朝下，腿朝下，或者整个身体打横着等。这些顽皮的宝宝会在通过产道时才发现自己的玩笑开大了——这些姿势可不是能有效通过狭窄弯曲产道的好办法。这些不按常规的姿势会导致宝宝被卡在产道中，只能等待医生的救援了。

※ 正常的出行准备姿势应该是头朝下，不过有些胎儿会以屁股示人，甚至整个身体打着横，跟妈妈和医生们开个玩笑。

胎儿展示

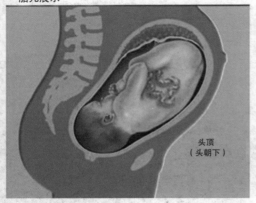

头顶
（头朝下）

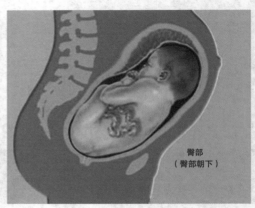

臀部
（臀部朝下）

由于姿势的改变，妈妈会发觉我们的活动稍稍减少。同时由于我们对妈妈胸腔中器官的压迫减少，妈妈的进食要轻松一些，呼吸也比以往畅快了许多，不过爱往洗手间跑的毛病又回来了。这是因为我的头部开始下降，增加了对膀胱的挤压。

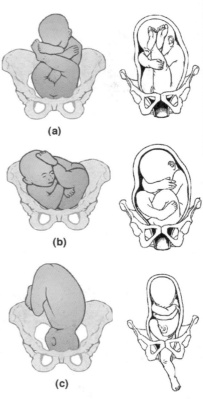

(a)

(b)

(c)

※ 臀位的三种姿势
    你看，玩笑开大了吧！

※ 横位
    这些姿势更恐怖！

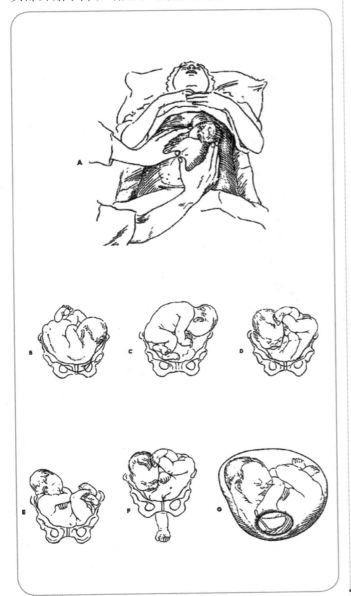

温柔的推动力

WENROU DE TUIDONGLI

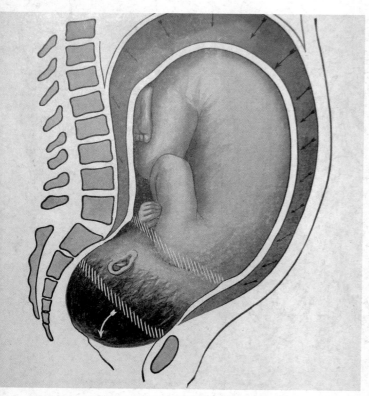

※ 有效宫缩具有节律性和对称性，是推动我出行的主要力量。

接下来有规律的子宫收缩出现了。这股收缩的力量叫做"产力"，也就是推动我出行的主要力量。它会从分娩开始一直持续到分娩结束。这种力量非常强大，我将无法继续待在宫腔里，只能被动地慢慢向子宫颈口移动。

有效宫缩具有节律性。子宫收缩最初是每隔 20~30 分钟出现一次，后面逐渐缩短到每次间隔 15 分钟、10 分钟甚至每隔 5 分钟就出现一次，宫缩持续时间由最初持续 20 秒增加到 40 秒。当子宫颈口完全打开以后，收缩的时间甚至会长达 1 分钟！这样的节律性能够很好地推动我出行。

而且，这股力量是左右对称的，从子宫底部开始，一波又一波地匀速向子宫的下部传递，直到传遍整个子宫。这股力量主要以子宫底部最为强大和持久，几乎是子宫下段的两倍。你想啊，要是这股力量左一下右一下，又没有从底部向外的压力差，怎么能形成有效的挤压力，从而推动我出行呢？我大概只能像个无头苍蝇到处瞎撞了，即使撞破了头也挤不出去。

因此，可以说有规律的宫缩是我就要出来的标志。宫缩的频率越来越大，收缩的时间也慢慢延长。当差不多每隔 10 分钟就出现一次有规律的宫缩时，意味着我的旅程即将开始，而妈妈长达十个月的孕期生活马上宣告结束。

虽然宫缩是我出行的最大推动力，但对于妈妈来说，宫缩则意味着疼痛的出现。不过各位妈妈的感觉都有所不同。有人觉得是腰酸背痛，有人觉得是阵阵抽痛，还有人觉得是撕裂般的疼痛。随着分娩的进程，

※ 宫缩乏力导致产程曲线异常，产程延缓及停滞示意图

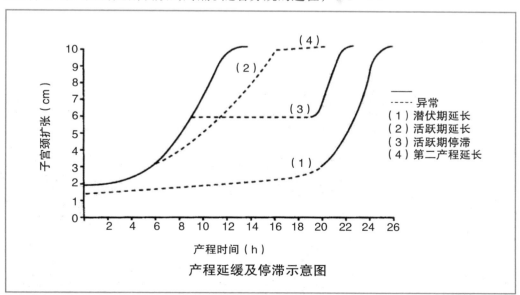

产程延缓及停滞示意图

这种疼痛不但不会消失，而且会慢慢加强。从疼痛开始到我出世，一般需要十多个小时，妈妈只能在一阵紧过一阵的疼痛中煎熬。不过，只有经过充分时间的宫缩，才能迫使子宫颈口完全扩张打开，而我才能通过子宫颈口。要是宫缩的时间太短、太弱或是太强，我都可能遇到出行的困难。这对妈妈来说也是有很大损伤的。

要是宫缩乏力，那么我的旅行时间就会加长。虽然对我不见得有太大影响，但妈妈可就不好受了，谁愿意多疼上几个钟头啊？这种情况可能是妈妈太过紧张、对分娩很恐惧，或是太疲劳，从而导致不能正常调节子宫收缩引起的，也可能是因为子宫过度伸展而引起收缩能力降低。对于我们双胞胎来说，这种情况可不少见，谁叫我们都太能长个儿，把妈妈的子宫撑得过大，子宫收缩的能力自然就受到影响。当然了，这种情况还有可能是妈妈的内分泌失调所引起的。记得我前面说过的，子宫收缩需要雌激素的分泌和孕激素的比例下降，要是雌激素不足，或是孕激素过多，子宫收缩就会减少。

为了避免这种情况，妈妈一定要在分娩前吃得饱饱的，千万别饿着肚子挺十多个小时啊。还有，爸爸也要好好安慰妈妈，可不能太紧张害怕哦。要是真的出现了宫缩乏力的现象，也别急，我不会有事的，医生一定会想出办法，例如打一点催产素促进宫缩，等等。

除了宫缩乏力，我还可能遇到宫缩过强的情况。这个时候，如果妈妈的宫缩左右对称，节律性又好，那我就像做了云霄飞车，迅速就跑出来了。很多人会说这不是好事吗？我当然也希望这样了。但实际情况却大相径庭。要是我通过产道的速度太快，妈妈受的伤害可就大了，阴道甚至子宫颈会发生撕裂。我的快速出生也会使妈妈子宫缩复能力降低，胎盘滞留不下，导致危险的产后大出血。

对妈妈有危害，对我的危害就更大。你想啊，子宫的强烈收缩很容易就使脐带处的血液循环受到阻碍，我的氧气供应自然也会减少，我甚至会因为窒息而死亡！就算氧气勉强够用，我这么快来到外面的世界，也会不适应嘛。外界的压力和子宫内可不一样，我的过快出生会造成压力突然改变，后果就是颅内血管破裂而导致颅内出血。我可不想以后智力发育出现问题。

太强的宫缩还可能导致子宫破裂，这个后果比我迅速出生可要严重多了，很容易就会导致我和妈妈的死亡。不过，别紧张，医生还是有办法的，他们会给妈妈打一些抑制宫缩的药物，温柔地帮我们接生的。

好了，报告暂时告一段落。我得关注产事的进展了。随着越来越频繁的宫缩，妈妈的子宫颈口也一点点地撑开了。这时，子宫颈内口附近的胎膜与子宫壁分离了，毛细血管破裂，血液与子宫颈口的黏液一起顺着妈妈的阴道排了出去，这叫做"见红"，预示着我的出行进入了倒计时。

已经出现规律宫缩和见红的妈妈在爸爸的小心护送下来到医院，医护人员立刻安排妈妈进入了产房，开始等待我和兄弟的降生。

步步艰难的通道
BUBU JIANNAN DE TONGDAO

※ 我必须要不断旋转，尝试找到一个最佳角度才能让我的头部通过，这就好像是用钥匙开锁。

　　我和隔壁的兄弟还待在各自的小房子里做最后的准备工作，看来他还没有动身的意思，还在恋恋不舍地打量自己的小房间。离产道较近的我就不客气了，率先在子宫收缩力的推动下开始了穿越产道的旅程。

　　这条通道并不是一条光滑笔直的大道，而是一条弯曲小径。这条小径由两个部分组成，一个部分是由骨盆构成的骨产道，另一部分是由子宫下段、子宫颈、阴道和盆底软组织构成的软产道。

　　这两个部分都没有那么容易通过。

　　软产道是紧闭着的，在宫缩和我头部的挤压下，它被慢慢打开。软产道中最艰难的部分是通过子宫颈口。在分娩前，子宫颈口只有一厘米左右宽，随着子宫收缩和我的挤压，子宫颈口越撑越大，最后扩大到十厘米左右宽，这和我的头部直径差不多。这时我的头部就能通过了。

　　在某些情况下软产道会出现问题，比如宫颈口不扩张什么的。这个时候就算我怎么努力都没有办法自己解决问题，只好求助于医生了；有时需要注射药物处理，有时还得

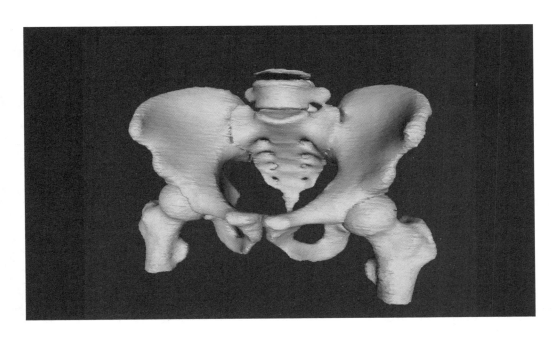

※ 骨盆立体示意图

进行一些小手术来解决。

　　不过最大的难题还是通过妈妈的骨盆——骨产道。你要是认为它是一个光滑的通道，不过有点硬，那就大错特错了。这条通道的可怕之处不在于它的硬度，而在于它的大小和不规则。骨产道是椭圆形的弯曲通道，中间还有两道路障，最窄的地方直径一般是十厘米。但很不幸的是，一般来说，我的头部直径也差不多十厘米。所以我必须要不断旋转，尝试找到一个最佳角度才能让我的头部通过。这就好像是用钥匙开锁，要是我这把钥匙过大，或者角度稍稍有些不对，那么对不起，我不仅不能通过，还会被卡在里面动弹不得。为了让我能适合这把锁，或许还需要将我尚未闭合的头骨稍微改变一下形状。这可真是一件苦差事。

穿越骨盆
CHAUNYUE GUPEN

※ 穿越最狭窄的骨产道

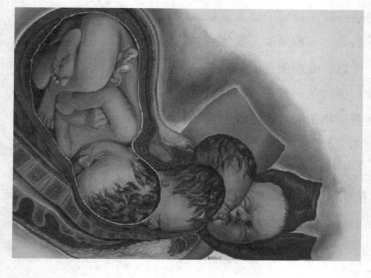

我的头部首先挤入了骨盆的开口，接下来要做的就是在这个骨质的通道中穿行下降了。

子宫收缩的压力从我的腿部传来，一直到达我的头部。我的身体太大了，子宫的每次收缩时，子宫底都会直接压迫到我的小屁股，把我向前推。妈妈腹肌也有规律地收缩，让我的身体由原来的蜷缩状逐渐伸直。

我的头部沿着骨盆的中轴间歇性地慢慢下降。虽然骨盆是骨质的中空腔隙，但中间存在很多软组织，阻力非常大，我下降的速度也就非常慢了。当后脑勺进入骨盆腔以后，我继续下降，直到头部到达骨盆轴的弯曲处。这是我的后脑勺遇到了一股很大的阻力，这股力量来自妈妈的肛提肌，这股阻力让我的头部向身体俯屈，这样做可不是妈妈不想让我出去，而是在帮我呢。产道最狭窄处的直径只有大约十厘米，但要是我维持原来的姿势下降，我的头骨径线就会大于十厘米，无法通过狭窄的产道。但是现在我的头部稍稍向身体弯曲，所以与骨盆衔接处的头骨直径由原来的十多厘米改变为九厘米多，这就能通过产道最狭窄的一段了。

虽然现在衔接处的头骨直径比产道直径略小，但要通过也得花费一番力气。我在挤过去的时候就要依靠"柔软"的头骨了。由于我的头骨还没有闭合，所以在穿行的过程中头骨被挤到一起以减少头部的大小，同时骨盆也被撑开。妈妈的骨盆甚至能被撑到原来的130%左右！

花了好大一番力气，我的头部终于穿过了这最狭窄的一段。这真得庆幸妈妈在过去十个月中有意控制我的体重。要是放任我在生长阶段胡吃海喝，我很容易就会变成一个胖小子。太胖就意味着有较大的头部，而头部一旦超出了尺寸，就算再怎么改变角度也完全没有办法通过骨盆，那时就只好进行剖宫产了。所以妈妈们千万别太溺爱宝宝，要真把宝宝"喂"成了大胖子，最后大家都得受苦。还有，产前检查的时候也一定要向医生咨询清楚，要能看出宝宝没法通过骨盆，妈妈们就趁早做好剖宫产的准备工作吧。

我的头部穿过最狭窄的一段后，接下来要穿过骨产道椭圆形的出口了，这个时候我就不能保持原

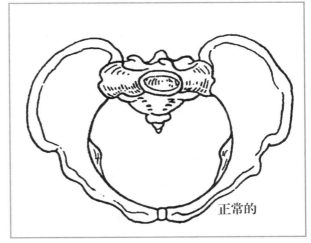

正常的

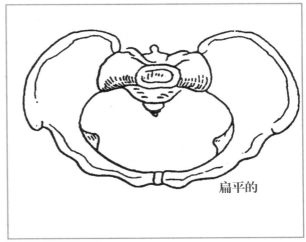

扁平的

※ 正常骨盆与扁平骨盆的比较

产程中宫颈变短扩大直至展平

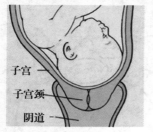

子宫——
子宫颈——
阴道——

1. 子宫颈还未膨胀扩大

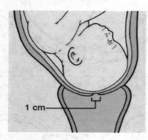

1 cm

2. 子宫颈扩张到 1cm

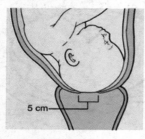

5 cm

3. 子宫颈扩张到 5cm

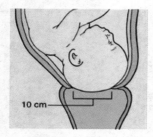

10 cm

4. 子宫颈完全扩张到 10cm

※ 子宫颈口张开过程
随着越来越频繁的宫缩，妈妈的子宫颈口也一点点地撑开了。

来的姿势了，我必须不停地旋转，找到一个与骨盆吻合的位置。我的后脑勺本来在骨盆的左前方向，现在就需要移动到正前方向，这才是阻力最小也最宽敞的地方。在肛提肌的推动下，我的头部向右旋转了 45°，现在钥匙对准锁孔了。

前面这些看似很简单的动作足足花了十多个钟头才得以完成！这是我出生的第一个阶段，又叫做"第一产程"。

这一阶段里，我努力下降，挤进妈妈的骨盆并旋转，这绝对是一个艰辛的过程。对妈妈来说，恐怕比我还要辛苦。

这个阶段里妈妈的子宫颈口逐渐扩张。妈妈会觉得子宫发紧、发硬，下腹和腰部疼痛，并有下坠感，甚至背部也会传来阵阵剧痛。随着子宫收缩越来越频繁，妈妈的疼痛感也越来越强。到了这一阶段的末期，子宫收缩达到最强，收缩能持续一分钟左右，而收缩之间的间歇甚至不到一分钟，这也是妈妈最痛苦的阶段。

子宫收缩时，子宫腔内的压力不断增高。由于我的头部先下降到骨盆中，骨盆又非常狭窄，所以羊水就被截断成了前后两部分。在我头部的那部分羊水量比后面那部分羊水要少得多，只有大约100毫升。当子宫收缩继续增强的时候，前面这部分羊水的压力增加到羊水囊不能承受，胎膜就发生破裂，羊水从阴道流出。

胎膜的破裂往往发生在子宫颈口差不多完全打开的时候。要是妈妈发现有羊水流出的现象，别急，这是我就要出来的信号呢！

不亚于一万米长跑

BUYAYU YIWANMI CHANGPAO

这一阶段持续的时间长，妈妈消耗的热量大约24 000多焦耳，相当于跑一万米所消耗的能量。妈妈要是没有足够的体力，可不容易支持得下来，所以妈妈一定要注意休息。在疼痛可以忍受的情况下，最好在室内散散步，放松肌肉。

在饮食方面也要多加注意。妈妈最好多吃一些高热量、易消化的食物。有的风俗是产前让妈妈吃桂圆，或者喝喝鸡汤什么的，但是这并不科学。桂圆会使子宫收缩乏力，并不利于分娩的顺利进行，而鸡汤什么的也需要很长时间才能被身体消化吸收，起不到立竿见影的作用。

那么什么才是最适合妈妈的食物呢？答案可能出乎很多人的意外——巧克力。

巧克力能占据最佳食品榜首可不是没有原因的。首先就是它营养丰富。巧克力可不是很多人想的那样只有脂肪，而是含有大量碳水化合物和蛋白质，还有锌和维生素以及很多微量元素。巧克力的吸收也快，吸收速度是鸡蛋的5倍左右！

※　第一产程时间较长，需要消耗很多能量，这个时候最适合妈妈的食物就是巧克力。

　　小小的一块巧克力能提供的热量比同体积的其他食物都要多得多。所以妈妈只要吃一点，就能快速恢复体力，完全不会对胃部造成太大负担。

　　除了补充能量，妈妈还要多喝喝水，补充身体内的水分。不过妈妈尽量要两三个小时就主动小便一次，避免膀胱过度充盈，保证我在下降的过程中不受到额外的阻力。

　　妈妈还要注意排便，最好能进行灌肠。这是因为灌肠可以避免污染，还能刺激子宫收缩，加快分娩。

　　这一阶段最让妈妈受不了的就是疼痛了。妈妈最后还是选择了硬膜外注射麻醉药，这减轻了大部分的疼痛。不过妈妈还需要时时调整自己的状态。妈妈的状态的确对我能不能顺利出生有重要影响。要是妈妈紧张焦虑，还恐惧不安，那么大脑皮层会直接对此作出反应，拖延我的出生的时间，白白增加妈妈和我的危险。

　　我明白分娩是一个痛苦的历程，但我们一起努力，总会见到阳光的，对不对？只要对自己有信心，我们很快就会见面了！

我来也！
WOLAIYE

我在完成了旋转以后，继续下降。子宫收缩力和腹肌、膈肌的收缩力有规律地推动我下降，而肛提肌却把我向前方推进。这两股力量迫使我在下降的过程中头部逐渐向上抬起。我撑着骨盆，努力将整个头部探出去。花了好大力气，我的眼睛、鼻子、嘴巴和整个下颌终于都穿过了骨盆。现在我的双肩已经进入了骨盆。

头部出来，我终于松了一口气，现在要集中"火力"解决肩膀的问题了。要是这个问题解决了，身体的其他部分绝对不会过不去。

和前面一样，关键也是对准"锁孔"，只是现在的"钥匙"变成了我的双肩。前面已经说过骨盆的出口呈椭圆形，前后径大于横径。要想双肩能通过，我的右肩首先向中线转动，使双肩的径线转到与骨盆出口的前后径一致。接着右肩先穿过骨盆，左肩也相继穿出。

这下是真的轻松了，我借着子宫收缩的力再用力一蹬，整个下半身就顺利地从骨盆中穿出去了。

我再接再厉，迅速顺着软产道到达了阴道口。

这个过程中子宫的收缩力比前一阶段还要强，所用的时间也比第一产程要短得多，大约一到两个

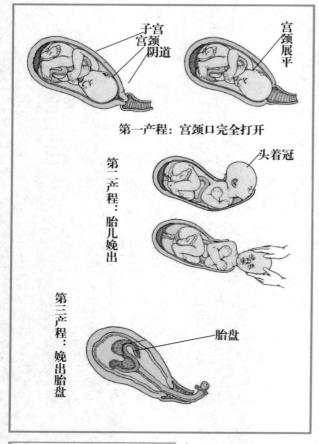

第一产程：宫颈口完全打开

子宫
宫颈
阴道

宫颈展平

头着冠

第二产程：胎儿娩出

第三产程：娩出胎盘

胎盘

※ 分娩全过程图解

钟头，而且疼痛会比第一产程时轻很多。这个时候妈妈一定要听医生的指导，千万别胡乱用力。因为我很快就会到达阴道，要是这个时候妈妈还再用力的话，很容易造成严重的撕裂。

妈妈应该在宫缩出现的时候屏气用力，在宫缩的间歇抓紧时间休息，放松全身的肌肉，不要扭动身体，防止对身体造成伤害。

我已经看见了外面的光线，还有来回走动的人影。妈妈和我的努力终于没有白费，我终于能见到亲爱的爸爸妈妈啦！

我的旅程结束了，妈妈一下子轻松了好多。由于我出行时已经将产道扩大，所以隔壁的兄弟——对了，现在应该叫弟弟——出来可就方便得多。没用多长时间，他就被护士小姐放到了我身旁。嗨，亲爱的弟弟，这可是我们的第一次见面呢！

我们的身体虽然离开了居住十月的子宫，但胎盘仍然留在妈妈体内。我们出生后，子宫收缩暂时停止，不久又重新开始，将陪伴我们多日的胎盘排出体外。这就是第三产程，通常不会超过半个钟头。在医生检查过身体以后，妈妈就可以好好休息一下，然后享受有我们陪伴的快乐了，整个分娩过程也宣告顺利结束！

■一分钟了解胎儿的诞生过程

经过十月怀胎，胎儿如瓜熟蒂落，诞生是一个自然的过程。在诞生前需要一股东风来启动分娩。这就是准妈妈体内内分泌的变化，雌激素合成的增加。雌激素对抗使子宫保持安静的黄体酮，使子宫产生规律的收缩，启动分娩。之后，出现有效宫缩，即有节律性、对称性的宫缩，将胎儿向子宫口推去，同时，子宫口也在这股力的推动下逐渐张开。在此过程中，胎儿不断旋转，不断下降，以最佳的角度穿越骨盆。当子宫口张开到 10 厘米左右，也就是胎儿头部中轴线长度时，胎儿才可以娩出。这个过程需要 12~16 小时，生过孩子的妈妈需要的时间会短一些，在 6~8 小时。此时，在宫缩的强大压力下，胎膜破裂，羊水流出，胎儿的头开始露出，接下来，在子宫收缩力和腹肌、膈肌收缩力有规律地推动下，胎儿继续旋转，找准角度继续下降，同时，肛提肌将胎儿向前方推进。这两股力量迫使胎儿在下降的过程中头部逐渐向上抬起，将整个头部探出去。之后，胎儿的眼睛、鼻子、嘴巴和整个下颌次第露了出来，双肩也继续旋转，对准角度，在接生大夫的帮助下，胎儿终于呱呱坠地。这个过程初次生育的妈妈需要 1~2 小时，已经有过生育史的妈妈一般在 1 小时之内。在接下来的 5~15 分钟，胎盘娩出，整个产事宣告结束。

PART9

第9章

劫后余生（上）
——孕期的"连环杀手"

回首这十个月，不由令我心生后怕。在妈妈肚子里的时候，我真的好无助，一些看似不起眼的事物都可能会导致我的身体出现异常。这可不是我夸大其词，不信？那我们就以妈妈的一日生活来说明吧！

危险的化妆品
WEIXIAN DE HUAZHUANGPIN

妈妈和所有爱美的女性一样，早晨醒来的头等大事就是好好打扮自己。妈妈的肚子因为我们而大起来。妈妈没办法穿漂亮衣服，只好在脸上和头上下功夫了。可以让自己看起来更加白皙的各种霜、粉，还有给嘴唇增添颜色的口红都是少不了的。不过据说这些化妆品中或多或少都含有铅这种重金属，对胎儿发育极度不利，因此，妈妈现在只能是素面朝天，偶尔通过些纯天然的保湿性化妆品来略加修饰了。

铅真的那么可怕吗？

这是当然了！铅的毒性很大，会直接作用于妈妈的卵巢和爸爸的睾丸，导致他们生育能力下降。要是妈妈怀孕过程中接触过多的铅，就会导致流产、早产、畸形等的概率增加。

虽说化妆品中的铅含量可能不高，但不怕一万，就怕万一，因此，我们也奉劝别的妈妈在怀孕期间还是暂停使用化妆品的好。

除了化妆品，还要留意一下家中的管道是否是铅管道，尤其是水管。如果水质偏酸性或者水温过高，就可能使管道中的铅渗透进水中。家里的管道最好还是采用无铅的。

不能使用化妆品，妈妈总觉得不太习惯。可不可以染个今年流行的发色，或者烫个流行的大波浪来改善一下造型？看来还是不行。

染发剂和烫发剂都含有大量的化学物质，会通过皮肤接触而进入妈妈体内，最终传递给宝宝。脆弱的宝宝可抵挡不了这种攻击，很容易产生各种问题。在神经系统和心血管系统形成期间，就更加容易诱发宝宝变异。妈妈在这段时间里最好避免染发烫发。如果一定要，也最好在宝宝的各个系统基本成形后再进行，同时选用质量较好的产品。

早餐，危机四伏

ZAOCAN WEIJISIFU

现在是早餐时间。

妈妈怀孕后每天都要消灭大量食品，家里人也全挑她爱吃的买，不过，不是每样食品都适合妈妈哦。

妈妈觉得我每晚折腾得她睡不好觉，早上能喝一杯浓浓的咖啡或茶来振奋精神，这想来虽然不错，但咖啡能让我们宝宝兴奋，活动明显增加，影响生长发育。不能喝咖啡和茶，那其他饮料行么？很抱歉，答案还是不行。很多饮料中都含有少量咖啡因或别的生物碱，它们会随着血液到达宝宝的身体中，影响内脏器官和大脑的发育。妈妈也许是意识到这一点了，为了安全，她选择了白开水。

以往每天早上妈妈的早餐习惯是一杯豆浆和一根油条，不过现在这个习惯改变了。油条中含有明矾。这是一种含铝的有机物。人人都知道，铝会导致大脑的病变。铝也会通

※　新鲜水果属于碱性食物，怀孕的妈妈早餐可以多吃了一些，以中和体内过多的酸性物质。这样对肚子里的宝宝的生长也很有好处啊。

过血液到达宝宝的身体，造成大脑的损伤。

妈妈刚怀孕的时候，很爱吃酸性的食物。不过，听说过多食用酸性食物会降低妈妈体内的碱性，导致妈妈疲惫；要是长时间维持酸性的体质，还会影响肚子里宝宝的生长。因此，现在，妈妈早餐时应多吃了一些碱性食物，例如新鲜水果。

充足的营养和维生素摄取是宝宝健康成长所必需的，要是妈妈营养不足，明显缺乏钙、磷、铁，特别是缺乏维生素 B_2、维生素 A、维生素 C 等，就有可能使胎儿发生唇、腭裂。要是缺乏叶酸等，就容易导致脊柱裂等畸形出现。

你知道吗？

什么因素导致唇腭裂

唇裂儿的出现率大约是 1/1 000 左右。很多因素都会导致兔唇：

1. 遗传因素：影响力★★★★★

双亲患有唇腭裂，可以传给后代；近亲结婚的发病率比非近亲结婚的高 3 倍。

2. 药物影响：影响力★★★★☆

妊娠初期服用抗癌药、激素药、安眠镇静药、癌得星、可的松、萃妥英纳、扑尔敏、甲糖宁、敏可静等，或者腹部接受放射线、同位素，可使胚胎的细胞突变，产生唇腭裂。

3. 病毒感染：影响力★★★★☆

怀孕 3 个月以内，若妈妈患有风疹、流感、带状疱疹等疾病，由于病毒的作用，宝宝就有可能出现唇腭裂以及其他畸形。

4. 情绪影响：★★★★

在怀孕早期，情绪异常会导致妈妈体内肾上腺皮质激素分泌增加，从而阻碍宝宝上颌骨融合，这也会导致唇裂腭裂。

5. 维生素缺乏：★★★

怀孕的前 3 个月内，如果妈妈明显缺乏维生素，特别是维生素 B_2 和维生素 A、维生素 C 等，就有可能导致宝宝唇腭裂。

来自马路上的"杀手"

LAIZI MALUSHANG DE SHASHOU

吃完了牛奶、谷物和水果搭配的健康早餐，爸爸和妈妈出发去家具城为我们挑选婴儿床用品。这正好是交通高峰时期，路上满是各种汽车，它们排放出大量的尾气。这不仅仅是困扰环境学家的问题，同时也困扰着爸爸和妈妈。

汽车尾气中有大量一氧化碳，还有铅、甲醛、二氧化硫等有毒物质。

吸入过多的一氧化碳会让爸爸的精子发育和成熟受到影响，精子的活力也下降。妈妈要是在怀孕期间吸入大量的一氧化碳，血液中的含氧量会降低，腹中的宝宝会因为缺氧而出现各种问题，甚至导致流产。

铅、甲醛都可能会导致细胞内的遗传物质出现异常，二氧化硫也会明显作用于妈妈的生殖系统，导致宝宝胎死腹中或是产生出生缺陷。

要是妈妈每天需要开车，最好关紧车窗，防止尾气进入车内。要是不需要开车，妈妈最好在外出时间避开上下班高峰期，防止尾气对身体的损伤。

你知道吗？

公交女司机和女售票员更容易流产

震动也对胎儿有很大的危害。接触大振幅的冲动性全身震动影响的公共汽车及无轨电车女司机及女售票员中，察觉和没有察觉的自然流产率可达 20%；而女纺织工为 17.6%；女缝纫机工为 14.3%！

※ 汽车尾气中有大量一氧化碳，还有铅、甲醛、二氧化硫等有毒物质。这些堪称"马路杀手"。

来自家具城的"魔咒"
LAIZI JIAJUCHENG DE MOZHOU

※ 这些漂亮的家具中隐藏着致畸的凶手，怀孕的妈妈在使用新家具前一定要注意将有毒物质释放干净再使用。

家具城里的家具让爸爸妈妈挑花了眼，不过挑家具的时候也不能光考虑样式，还得看看它们的质量合不合格。现在，我们时常在报纸杂志上看到家具散发毒气而导致住户中毒的案例，妈妈也要留心哦。

很多有机溶剂都被用于家具行业，其中最重要的一种就是甲醛。甲醛的挥发度很低，容易从家具和装饰材料中缓慢挥发出来而污染空气。家具中容易散发出的有毒物质还有苯和二硫化碳等。这些物质都会对身体造成伤害。

甲醛可能会导致细胞内的遗传物质出现异常，如果妈妈在怀孕期间吸入了大量甲醛，就会影响腹中的宝宝，导致畸形的出现。而苯对生殖系统的影响更严重，除了会引起流产或畸形，还会直接影响爸爸妈妈的内分泌系统，导致精子和卵子的活性降低，造成不孕症。

为了保证自己的身体健康和宝宝的健康，妈妈在怀孕期间就把装修或者换家具的事放一放吧。要是实在需要装修或者更换家具，最好选择质量有保证的产品，并通风三个月，让这些有毒物质都释放干净，然后再使用。

厨房，暗藏"杀机"

CHUFANG ANCANG SHAJI

　　结束了一天的挑选工作，爸爸妈妈回到家中。妈妈走进厨房准备做晚饭。

　　如果要我来评选"最危险的地点"，我的答案无疑是厨房。怎么，很不理解？看似普普通通的厨房里其实四处都暗藏"杀机"呢。

　　现代技术发展给人们的生活带来了极大的便利，对妈妈来说，厨房里的电冰箱、微波炉、电磁炉等都是生活的好帮手。不过在妈妈怀孕时使用这些生活好帮手却需要留心再留心。

　　各种电子设备在工作时都会产生电磁波，其中波长 1m 到 1mm、频率 300Hz 到 300GHz 的叫做微波，

※　看似普普通通的厨房里其实四处都暗藏"杀机"。

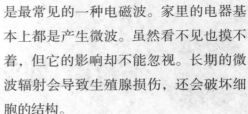

※ 瓜果蔬菜中的隐藏"杀手"除了农药，还有重金属。怀孕的妈妈在挑选食物时一定要留心。

是最常见的一种电磁波。家里的电器基本上都是产生微波。虽然看不见也摸不着，但它的影响却不能忽视。长期的微波辐射会导致生殖腺损伤，还会破坏细胞的结构。

对于爸爸来说，长时间接触微波，精子的畸变率就会升高，运动能力下降。要是精子出现问题，恐怕就不容易经过重重考验和卵子相会了。

对于已经怀孕的妈妈，接触微波就更加危险。在怀孕的早期，微波对胚胎细胞的破坏最为严重，很可能导致畸形或者流产。

妈妈在使用微波炉、电磁炉等电器的时间最好不要太长，并且保持一定的距离，这样可以最大限度地减轻电磁辐射。

厨房里妈妈们每天都会使用的洗涤剂也是一个隐藏的危险源。

常用的洗涤剂是阴离子洗涤剂，主要成分是烷基苯磺酸，这也是危险的所在。它会对生殖细胞造成一定的损伤，干扰精子的形成。洗涤剂中往往还含有酒精等多种化学成分，要是长期接触，这些化学成分就会被皮肤吸收，并在体内积累起来，使生殖细胞产生变化。要是在妈妈怀孕早期过多接触各种洗涤剂——例如洗衣粉、洗洁精，甚至洗发水等，就可能会造成流产。

妈妈可能接触到的化学试剂还不止洗涤剂这一样，妈妈身边的化学试剂可不少呢，你瞧，妈妈正在清洗的蔬菜水果上就残留了不少危险的化学试剂——农药。

还记得 "DDT" 吗？这可是农药史上最有名的例子了。

当 DDT 刚发明出来的时候，全世界都为之欢欣鼓舞，认为终于出现了一种有效而无害的农药。但在几十年以后，人们才发现这是一个多么严重的错误：DDT 会在生物体内积蓄，持久地发挥毒性，导致动物和人类慢性中毒。它尤其会对腹中的胎儿造成伤害，导致大批畸形胎儿和死胎的出现。

虽说如今很多农药也都标榜着自己是低毒或是无毒，可没有经过时间的证明，还是谨慎一些为妙。现在常用的有机磷农药就会使流产、畸形的概率增加。

妈妈在处理瓜果蔬菜时，一定要清洗干净。不过这也不能完全除去渗透进入瓜果蔬菜皮中的农药，所以对于这些瓜果蔬菜能去皮的最好去皮，能煮熟的尽量煮熟。

瓜果蔬菜中的隐藏"杀手"除了农药，还有重金属。重金属在生物体内会富集起来，这在蔬菜和鱼类的身上都有体现。尤其是近年来水污染严重，导致很多蔬菜和鱼类的重金属含量超标，例如汞。汞的致畸作用也非常强，会影响精子和卵子的质量。它还能通过胎盘进入宝宝的身体，给宝宝造成伤害。

要是妈妈常常食用重金属超标的食物，就可能出现慢性中毒，甚至危害到胎儿的生命。所以妈妈在挑选食物时一定要留心，少买那些容易富集重金属的蔬菜和水产品，例如生菜、莴苣、牡蛎等。

说来说去，厨房里处处是杀手，可妈妈也不能不做家务呀。这个问题好解决，在使用这些洗涤剂的时候戴上手套，尽量远离或少用微波炉、电磁炉，就一切OK了。同时，这也是一个让爸爸做家务的好借口哟！

小知识点

重金属解毒剂——硒

硒不像别的微量元素一样被人们所熟悉，但是它的作用却十分重要，尤其是在重金属污染严重的今天。

首先，硒能保护妈妈和胎儿免受重金属的危害。硒与重金属有很强的亲和力，它在体内能与汞、甲基汞、镉及铅等对人体有害的重金属结合形成金属硒蛋白复合物从而解除重金属对人体的毒性，并能使重金属排出体外。

其次，对于怀孕期间心血管负担较重的妈妈来说，硒具有保护心血管、并维护心肌健康的作用。硒对于心肌纤维、小动脉及微血管的结构及功能有着重要的作用。此外，硒能刺激免疫球蛋白及抗体的产生，增强妈妈抗病的能力，进一步保护腹中的宝宝免受病毒及细菌的侵害。

最后，对于腹中的宝宝来说，硒能促进宝宝的生长，是人体生长发育所不可或缺的重要营养元素。

猫狗之祸
MAOGOU ZHI HUO

晚饭后的散步向来是爸爸和妈妈的最爱。散步时常常能看见邻居们带着宠物溜达，爸爸妈妈可喜欢这些毛茸茸的宠物了，老琢磨着什么时候自家也养一只。宠物们虽然可爱，不过现在饲养却不是时候——爸爸妈妈心里最清楚了。

可爱的猫猫狗狗们身上可能带有一种可怕的寄生虫——弓形虫。弓形虫几乎可以寄生到所有的温血动物身上——猫、狗、鸟、牛、羊等，甚至人类，它也存在于土壤内及新鲜蔬菜里。很不巧的是，受人欢迎的猫咪是这种寄生虫的"唯一最终宿主"。简单地说，就是弓形虫只能在猫的体内进行有性繁殖。

当猫咪吃进弓形虫囊体以后，这些囊体就会打开，然后在猫咪的肠道壁内进行繁殖。繁殖的卵囊会随着猫咪的排泄物来到外界，并发育成具有感染能力的形态，要是这会儿它们进入了倒霉的动物或者人体内，就会快速进入肠壁开始无性繁殖，遍布全身并生成大量囊体。这些囊体又很容易被猫咪吃了进

※ 受人欢迎的猫咪是弓形虫的"唯一最终宿主"，怀孕妈妈最好要离它们远一点。

去——你瞧，这就是弓形虫循环的生活。

不过，猫并不是人类感染弓形虫病的唯一原因。吃受到污染的未熟肉类、没洗干净的蔬菜瓜果、接触受污染的土壤等都可能感染弓形虫病。

如果感染上了弓形虫病，大多数人都不会察觉，因为对于免疫力较强的人来说，这就好像是一场轻微的感冒，通常几天后就会恢复正常。有的人免疫力差点，症状就会重一些，比如发烧、淋巴结肿大、关节疼痛、腹痛等。不过这种病往往会被当作重感冒来治疗。那些在人体内的包囊可能会存在上好几年甚至更长，但不会对身体造成太大影响。

如果妈妈在怀孕之前已经感染了弓形体病，这对胎儿来说没什么问题，因为妈妈的体内已经产生了抗体。不过，要是妈妈在怀孕期间受到感染的话，情况就要危险许多：弓形虫可能会穿过胎盘感染胎儿，导致胎儿流产或畸形。怀孕的不同时期感染，结果也不太相同。在妊娠一个月时感染，大约5%的胎儿会受到影响。如果在妊娠的后期感染，基本上所有的宝宝都会受到感染。受感染的宝宝中大约15%的宝宝会出现严重的病症，包括脑积水、脑内钙化、视网膜炎等，其余85%的宝宝虽然直到出生都不会出现症状，但随着年龄的增长，会逐渐出现智力低下、听力、视力等各方面的问题。你瞧，出现问题的比例并不低，后果也很严重呢。

想要怀孕或者已经怀孕的妈妈们往往在知道弓形虫以后就会把自家的宠物视作难以解决的棘手问题。如果可以送这些宠物们到别的地方度个"长假"当然最理想，但要是实在舍不得，也是有办法可想的。

※ 怀孕妈妈一定要注意生熟食品分开处理，因为生肉中可能会有弓形虫病菌。

预防宠物传播弓形虫病其实很简单。

每次抚摸宠物后都要彻底洗手。

每天都要清理宠物的粪便和住处，而且保证要清理干净。在清理时要戴上手套。如果这个工作能让爸爸来进行，那就更好了。

千万不要给自己的宠物吃不干净的食物或没有煮熟的肉类。

消灭家里的老鼠、蟑螂、苍蝇等，防止自家的宠物和别人的宠物厮混在一起。

现在不用担心宠物传染弓形虫病了，不过危险并没有完全解除，环境中的弓形虫也不少呢。妈妈们还需要在下面几点上下功夫。

最重要的就是食用的肉类必须熟透、蔬菜瓜果必须洗干净并消毒、生熟食品分开处理、厨房用具定期消毒。

尽量少接触泥土。如果非要照顾种的花花草草，最好戴上手套。时时记得洗手。

这些预防措施看起来简单，但效果却是出奇的好，妈妈们一定要照做哦。

要是妈妈还不放心，不妨去医院做个检查。检查身体内是否存在弓形虫的抗体很简单，只要抽取一点血液就行了。如果妈妈体内已经有了弓形虫抗体，说明以往受到过感染，现在的危险性不是很大。如果妈妈体内没有抗体，就说明以往没有受到感染，这当然最好，不过还需要定期检查，防止怀孕期间感染。如果很不幸妈妈正处于急性感染期，那最好在半年以内都不要怀孕。

浴室 "狙击手"

YUSHI JUJI SHOU

散步归来，最舒服的莫过于洗个澡。家里新安装的蒸汽浴设备是爸爸的最爱。不过对我来说，这些先进设备可不是很好。

在第一章里大家就知道了产生精子的器官是睾丸。睾丸的温度和身体其他部位不太一样，这是因为精子的产生需要比正常体温稍低的温度。睾丸被保护在能调节温度的阴囊内，只有这样才能保证精子的产生和成熟。

如果睾丸的温度长时间较高，精子的数量和质量就会明显降低，不成熟精子和畸形精子的比例大大增加。要是精子老处于这种状态，要长途跋涉来到输卵管恐怕就是不可能完成的任务了。

现在很多家里都有蒸汽浴或者桑拿的设备，它们的确是减轻压力，舒展筋骨的好方法，不过要是爸爸还没有宝宝，或者正打算要宝宝，最好减少使用这些方式来放松。即使平时洗澡，爸爸也最好采用淋浴的方式而不是盆浴，记得水温别太高。如果爸爸的工作需要长时间坐着，也会导致睾丸受挤压、温度升高，所以，爸爸们最好隔一小时就起来走动走动。

药物？危险品？

YAOWU WEIXIANPIN

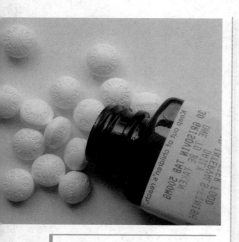

※ 滥服药物会导致受精卵在分裂过程中黏结，形成畸形。怀孕期间一定要慎用药物。

妈妈觉得有点不舒服，或许是轻微的感冒。到底是吃点感冒药还是服几片维生素，或者干脆不管它呢？

怀孕后，妈妈体内的各种物质都会发生一些改变，对某些药物的代谢过程也会有一定的影响。很多药物会在妈妈的体内积蓄，不容易排出。要是积累到了一定量，就会对自身和宝宝产生不良影响。

在妈妈怀孕的初期，宝宝的神经系统、心血管系统等等正在发育，最容易出现问题，如果可以不用药当然最好，要是一定得用，必须更加谨慎，认真听从医生的指导。在妊娠3个月以后，各个器官已经基本形成，此时受到的影响就会大大减少。但是，妈妈们还是不能掉以轻心，有些药物在这时也会影响器官的发育。

一般来说，最常见的就是感冒药了。前面已经说过，如果是轻微感冒，不需要用药，如果较严重，也不要自己随意购买药店的抗感冒药。一般的抗感冒药都是复合制剂，含有多种成分，而且仅仅是对症药物，治标不治本，对妈妈有害无益。如果是抗病毒药，影响就更不好了，一般都会对宝宝造成伤害。消炎退热药也不能自己使用，必须通过医生的指导。例如很多人常用的阿司匹林就会导致宝宝的肺部动脉血压过高，增加心脏负担，最会引发心脏问题。

那么吃点维生素应该没什么问题吧。

维生素缺乏固然会影响胎儿和妈妈的健康，可是维生素服用过量也会造成危害。例如维生素 B_6 过量会造成胎儿的依赖性，甚至导致胎儿智力下降；维生素 C 过量可能会导致流产；维生素 A 过量可能会导致胎儿骨骼畸形、泌尿生殖系统缺损；维生素 E 过量会导致胎儿大脑发育异常；而维生素 D 过量则会导致胎儿的大动脉和牙齿发育出现问题……所以妈妈对维生素的摄取最好是通过食物来进行，不要自作主张服用维生素药物。

妈妈以往失眠都是靠安定等来加强睡眠，自从怀孕，这些安定、利眠宁等药物可都变成了"危险品"，它们会导致胎儿的身体出现畸形。

如果妈妈以往在服用抗癫痫、抗肿瘤药物，或是降糖药、激素药、抗生素药，必须在医生的指导下停止或更换成对宝宝伤害不大的药物。

有的人认为中药不会对胎儿造成影响，这是完全错误的。中药是复方药，成分非常复杂，很多成分现在还在研究当中。如果使用中药，难保其中某些物质会对宝宝造成不良影响。如果妈妈要使用中药，一定要在有经验的合格医师指导下使用，防止出现无法弥补的伤害。

总之，妈妈在能够不使用药物的情况下尽量不使用药物，但当疾病可能会造成比药物更严重的伤害时，应当权衡利弊，在医生的指导下用药。在使用药物以后也不要过于紧张，进行详细的产前检查会帮助妈妈们了解宝宝是否受到了药物的影响。

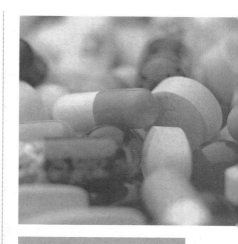

小知识点

怀孕用药分级：

A 级：目前临床实验证实对胎儿无害。

B 级：动物实验证实对胎儿没有致死性的或不良的反应，人体实验尚无报告。

C 级：动物实验证实对胎儿有不良的反应，人体实验尚无报告，但必要时可用。

D 级：目前临床实验证实对胎儿有不良的影响，但在危及母体生命情况下可用。

X 级：目前临床实验证实对胎儿有不良的影响，绝对禁止使用。

在使用药物前，需要在医生那里了解其分级情况，在指导下使用，不要随意用药，也不要一味听从药店的建议。

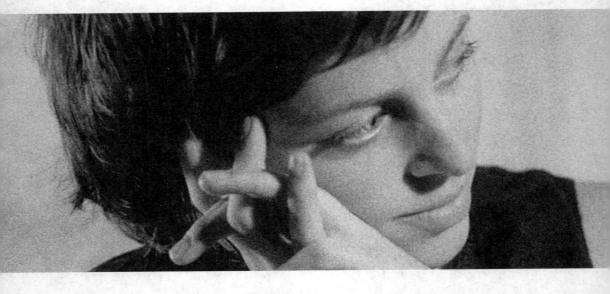

PART10

第 10 章

劫后余生（中）
——九大险情

心惊胆战地度过了十个月，终于迎来了分娩的一刻，不过分娩这个"山头"不比前面的好到哪里去，也布满了险情，不过这些险情和前面不大相同，主要是给我提供氧气和营养的胎盘、脐带以及我居住的子宫等出现问题而导致的。下面就来看看这九大险情吧！

险情1：营养管道出岔了
XIANQING1 YINGYANG GUANDAO CHUCHA LE

危险度：★★★★

察觉难易程度（★越多表明越难察觉）：

★★★★

脐带是我和妈妈之间联系的纽带。我在子宫中生活时，一切营养和氧气都要通过这条管道来提供，而我代谢的废物也是通过这条管道运输给妈妈。要是脐带出现了异常，我的境况可想而知。

一般来说，脐带的长度应该是30到70厘米，如果脐带过短，妈妈分娩时，我的不断下降就会拉扯着脐带，可能导致胎盘过早从子宫壁上剥落下来。这样的后果在后面的"胎盘早剥"部分会详细介绍。就算没有发生胎盘早剥，脐带的过度拉伸，甚至脐带被扯断，都会严重影响我的氧气运输，没准就会发生活活憋死的惨剧。

要是脐带过长，在子宫这个小小的环境中，它很容易就纠缠在一起，甚至打结。听起来挺好笑的，但后果很严重，会导致我严重缺氧。脐带过长还可能引起脐带脱垂，也就是说脐

※ 脐带是胎儿和妈妈之间联系的纽带

脐带过长打结会导致胎儿严重缺氧，甚至引起脐带脱垂，危及胎儿生命。

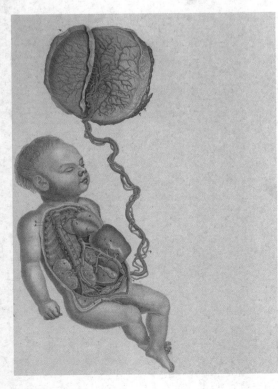

带先我一步脱出到子宫颈口甚至阴道外。脐带和我争"跑道"的结果就是脐带内的血液循环受到阻碍——骨盆本就不大，我挤进去以后必然紧紧压住"抢跑"的脐带，血液循环自然也就被切断，而我的生命也就到此为止。

要避免惨剧的发生，最好就是时时监测我的心跳。如果心跳出现不正常情况，妈妈就要立刻停止分娩，静静卧在床上。如果此时改变姿势，妈妈头低脚高，而我的心音又好转，这说明脐带发生了脱垂。妈妈应该保持头低脚高的姿势，避免脐带受到更严重的压迫，同时吸氧，增加血液中的含氧量，然后由医生进行剖宫手术缓解我的困境。

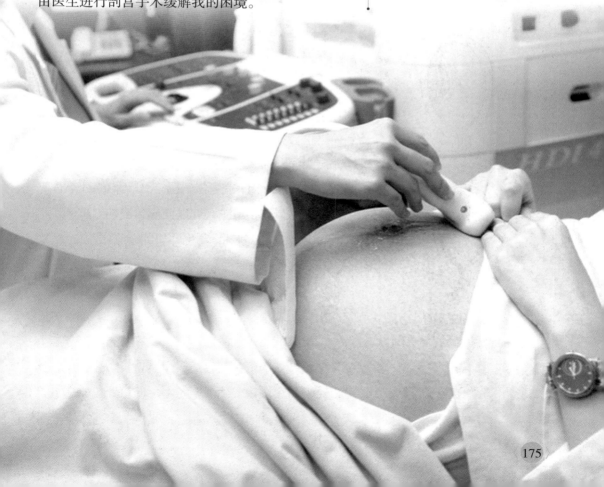

险情2：瓜未熟蒂先落
XIANQING2 GUAWEJSHU DIXIANLUO

（1）显性剥离

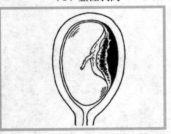

（2）隐性剥离

（3）混合剥离

※ 胎盘早剥类型
　　脐带过短有可能造成胎盘早剥；妊娠高血压也是胎盘早剥的原因之一。

危险度： ★★★★

察觉难易程度： ★★

现在来说说胎盘早剥吧。正常情况下，胎盘会在我出生后才从子宫壁上剥落下来，但如果实际情况是它提前离开了自己的岗位，那就叫做"胎盘早剥"，也就是说瓜未熟蒂先落了。

前面说的脐带过短有可能造成胎盘早剥。妊娠高血压也是胎盘早剥的原因之一。由于高血压导致身体远端的毛细血管痉挛，从而导致它们缺血或是坏死，就可能会使胎盘与子宫壁分离。有的时候，腹部受到撞击也会导致胎盘早剥。

胎盘早剥非常容易被察觉，因为妈妈会有剧烈的腹部疼痛，同时伴随阴道出血。对我们胎儿来说，胎盘早剥使氧气供应出现问题而导致我们窒息。

要防止这种危险的发生，妈妈除了要按时做检查，防止妊娠高血压等症状以外，还要多多注意保护自己的身体不受到撞击。要是妈妈出现了腹部疼痛或出血的现象，必须马上去医院。

如果真的出现了胎盘早剥，妈妈必须马上分娩。要是胎盘剥落的情况较轻微，子宫口也已经扩张，就可以试着采用阴道分娩。要是剥落的情况比较严重，或者还不到分娩时候，那就只能采用剖宫产了。

险情 3：
睡床挡住了出行的路

XIANQING3
SHUICHUANG DANGZHU LE CHUXING DE LU

危险度：★★

察觉难易程度：★★

胎盘容易出现的问题还真不少，除了有可能提早剥落，它的位置不对也会惹来麻烦。

我在定居子宫的时候花了大力气考察环境，选中了子宫体后壁中上部的"黄金三角洲"安定下来。可并不是每个宝宝都像我这么会挑选地方，他们不少将家安在了子宫体的下段或者子宫颈的内口上，让睡床挡住了出行的路。这就形成了前置胎盘。

前置胎盘会导致妈妈反复出血，但出血时腹部并不感到疼痛。很多时候，开始少量的出血会被妈妈忽略掉，但后面出血量会一次多过一次，甚至导致妈妈休克。

我们在妈妈分娩前身体会发生倒转，头朝下脚朝上，可要是定居的位置就很靠下，那翻身可就不容易了，很多时候就会出现胎位不正的现象，这给妈妈分娩带来极大麻烦。前置部分的胎盘还可能出现剥落，这个的危险性就不用再提了。

胎盘前置无法预防，好在现在通过 B 超检查就能看出是否前置。如果检查确定，医生们一定会安排最合理的分娩方式，所以妈妈们也不用太担心。

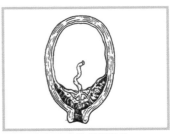

（1）完全性前置胎盘

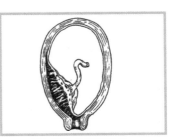

（2）部分性前置胎盘

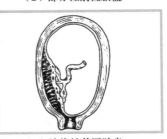

（3）边缘性前置胎盘

※　胎盘前置类型
　　胎盘前置无法预防，最好能做 B 超检查一下。

险情4：好比鱼缸漏水了

XIANQING4 HAO BI YUGANG LOUSHUI LE

危险度：★★

察觉难易程度：★★

说过了脐带和胎盘，就该讲讲胎膜和羊水了。

胎膜包裹着羊水和其中的宝宝，就像一个大大的水垫子。这个垫子会在子宫口几乎全部打开时破裂，羊水从阴道中流出，我们也准备好了离开母体。不过有的时候胎膜会在产前发生破裂。这种事情非常常见，发病率占到了分娩总数的10%。胎膜早破可能是因为宝宝过大，或是羊水过多造成羊膜囊里压力过大而导致，也可能是妈妈腹部受到撞击造成，还有可能是胎膜受到了感染变得脆弱，所以容易破裂。

胎膜破裂以后，脐带可能会先脱出子宫颈，这就造成了脐带脱垂，会严重影响对胎儿氧气供应。失去了这层保护膜还会使细菌乘机进入，感染脆弱的我们，甚至进入妈妈的血液循环系统，对妈妈造成伤害。胎膜破裂后羊水流出，子宫壁就紧紧贴在我们的身上，这会导致妈妈分娩困难。

要预防胎膜早破除了定时检查以外，妈妈还要避免剧烈运动以及防止对腹部的挤压。

如果妈妈发生胎膜早破，有羊水流出，一定要

尽快去医院。对即将分娩的妈妈来说，即使出现这
种情况，也可以通过阴道分娩，一般不会有太大危险。
要是离预产期还远，那就麻烦一些，得先检查是否
有感染。要是出现了感染现象，那就没得选择了，
只能使用抗生素并尽快进行剖宫手术。

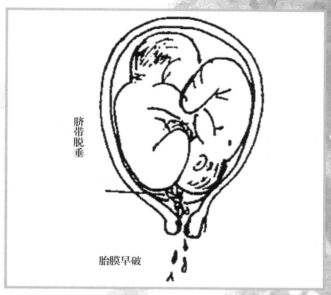

脐带脱垂

胎膜早破

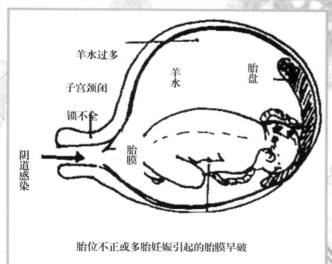

羊水过多

羊水

胎盘

子宫颈闭
锁不全

阴道感染

胎膜

胎位不正或多胎妊娠引起的胎膜早破

※ 胎膜早破及其原因

险情5：卡住，出不来了

XIANQING5 KAZHU CHUBULAI LE

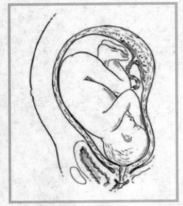

正常位置

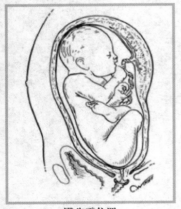

臀先露位置

※ 导致难产的臀先露姿势

危险度：★ ★

察觉难易程度：★

大家对"难产"这个词语恐怕要熟悉得多，无论是影视、文学还是实际生活，常常能听到或看到这个词语。所谓"难产"，其实就是宝宝在出生过程中无法顺利通过产道。

在前面的分娩过程中大家已经看到我们要顺利从产道中娩出，有两个难关必须闯过，一是头部穿越骨盆，第二是肩部穿越骨盆。难产之所以"难"，问题就出在这两个地方。

如果宝宝在妈妈体内的姿势不正确，比如头上脚下，那么采用阴道分娩的方法时，就会是身体部分先通过产道，然后才轮到头部。由于头部通过骨盆需要旋转寻找合适的角度，还需要子宫收缩力的推动，所以如果头部最后通过骨盆，就容易被卡住，医生们不得不动用工具将宝宝拉出来，这很容易拉伤宝宝的臂神经丛，甚至发生皮肤裂伤。

如果是肩部被卡住，也必须要医生的帮助，同样，这容易拉伤宝宝的臂神经丛或是使宝宝产生锁骨骨折。

如果妈妈在产前的检查中已经发现宝宝的胎位不正，最好先听听医生的建议，选择最好的分娩方式。

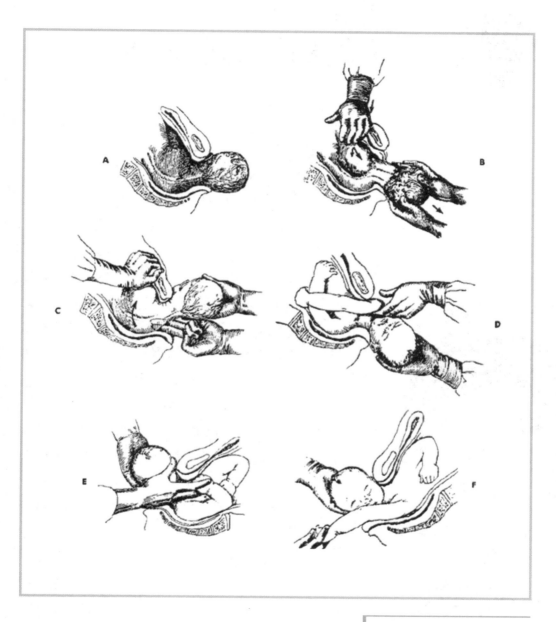

※　肩难产

险情6：
羊水跑到妈妈血液中了

XIANQING6
YANGSHUI PAODAO MAMA XUEYE ZHONG LE

危险度：★★★★★

察觉难易程度：★★★★

羊水一直在我们的子宫生活中扮演了重要角色，除了提供适合我生存的环境，我身体上剥落的胎毛、胎脂等也都贮存在羊水中。羊水被包裹在羊膜腔里，与妈妈的血液循环不相通。可要是羊水进入了妈妈的血液，就会引起一场大灾难。

当羊水进入妈妈的血管中，我们胎儿的那些毛发、胎脂、脱落的细胞等就会像一个"栓子"一样堵住血管，直接阻断血液的流通。羊水中的成分还会激活妈妈血液中的凝血系统，导致血液迅速凝固，出现栓塞，这会引发严重的心肺功能衰竭。高度凝集的血液随后会在羊水中另一些成分的作用下迅速去凝集，这又会导致大出血的发生。这还没完呢，羊水中的成分并不是妈妈自身的产物，所以妈妈还会出现过敏休克。

要说羊水栓塞是最凶险的产房杀手一点都不夸张。它不仅发病快，而且死亡率高得吓人。嘿，我可不是夸大其词，这种情况下的死亡率高达百分之九十！

妈妈在分娩时，子宫颈上往往会出现一些小的伤口，如果胎膜破裂，羊水就会通过这些伤口进入血管。在胎盘早剥或者子宫破裂等情况下，羊水也可能会从血管进入血液循环系统。还有一种可能就是在进行剖宫产时，羊水不慎进入了血液。

对于这种病症，最好是做好预防措施。

最重要的就是定期做产前检查，防止由别的病症引发羊水栓塞。高龄产妇和胎膜早破的妈妈发病概率比普通妈妈高，另外，怀双胞胎的妈妈，以及胎盘前置的妈妈们都要高度警惕。

如果在分娩的过程中妈妈出现了呼吸困难等感觉，一定要及时告诉医生，避免因错过了时间而导致病情更加严重。

妈妈在用力将宝宝推出体外的过程中，千万不要用力按压自己的腹部，防止羊水进入血液中。

如果真的在分娩过程中出现了羊水栓塞，通常医生会给妈妈输入大量新鲜血液和凝血因子，不过这也常常无法减弱这种血流不止的现象或循环功能的衰竭。

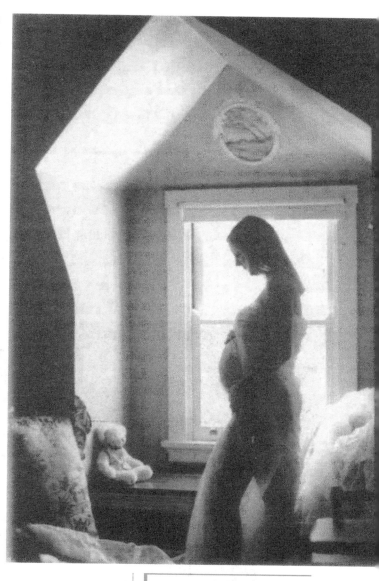

※　面对危险度极高而又难以察觉的羊水栓塞，准妈妈最好及时做好羊水诊断和绒膜取样。

险情 7：妈妈遭遇高血压
XIANQING7 MAMA ZAOYU GAOXUEYA

危险度：★ ★ ★

察觉难易程度：★ ★ ★

在前一章里我们就提到过了这种病症，它是妈妈最容易出现的并发症之一。这种病症可能出现在产前、分娩过程中以及产后。症状就是高血压、蛋

白尿和水肿。这些听上去好像不是很危险的样子，但它却很有可能在短时间内引发其他严重的并发症，进而威胁到妈妈和我们胎儿的生命，或是留下无法扭转的后遗症。

妈妈的血压太高，就会导致小血管的痉挛，从而引发脏器的缺血。要是胎盘处缺血，宝宝就会缺氧。要是妈妈自身的器官缺血，器官就会衰竭或坏死。肝脏、肾脏、大脑、眼底视网膜等都非常容易受到缺血的影响而严重损伤。

好在产前检查会帮助妈妈们了解自己是否患上了妊娠高血压。如果没有，当然是最好不过啦。但还是要小心预防，因为它可能会在分娩中甚至产后来个"突然袭击"。平时妈妈的生活要有规律，不能过度劳累，保证每天八小时的睡眠。妈妈可以多吃一些高蛋白的食物，例如鱼类、肉类以及豆制品等，同时补充大量的钙质，这能够有效预防妊娠高血压综合征。不过那些容易使人长胖的食物就少碰为妙，要是妈妈的体重过重，患上高血压的可能性就比正常妈妈要大得多。妈妈要是觉得自己出现了头晕眼花等症状，或是发现自己的体重增长过快，就要及时去医院检查。有了这些预防措施，相信高血压就不容易找上门了。

已经患上高血压症的妈妈也不用过分焦虑，医生们总会有办法进行有效的治疗，妈妈和宝宝绝对会健健康康的。

险情8：寄居小窝坍塌了

XIANQING8 JIJU XIAOWO TANTA LE

危险度：★★★★★

察觉难易程度：★★★★

子宫是宝宝赖以生存的小窝，子宫破裂不亚于小窝的坍塌崩溃，其危险性和上面的羊水栓塞不相上下，很容易导致妈妈和胎儿的死亡。

现在很多女性都在避孕失败的情况下选择人工流产，这对身体是个极大的伤害。人工流产会使子宫壁变得越来越薄，弹性减弱，甚至发生病理变化。如果经过了多次流产后再怀孕，子宫壁很难经受得住分娩时的子宫收缩，这样发生子宫破裂也就不足为奇。

如果妈妈以前做过剖宫产，或者其他子宫手术，在子宫还没有完全恢复的情况下又怀孕，这也很容易因为疤痕破裂而导致子宫破裂。

要是肚子里的宝宝过大，或者像我一样还有个双胞胎兄弟，子宫的肌肉就会受到过度

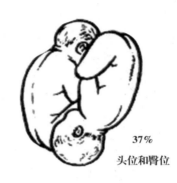

45%
头位和头位

37%
头位和臀位

10%
臀位和臀位

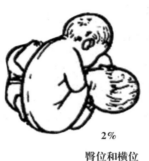

5%
头位和横位

2%
臀位和横位

0.5%
横位和横位

拉伸而变薄。在强烈的子宫收缩下，就可能会发生子宫破裂。

要预防子宫破裂，妈妈首先就要善待自己的身体，在还不想要宝宝的时候一定要做好避孕措施，千万别轻易尝试人工流产。如果以前有过剖宫产或者其他子宫手术经历的妈妈，最好在 3 年后再怀孕。要是产前检查发现宝宝太大，或是双胞胎，最好征求医生的意见是自然分娩还是剖宫产。

在分娩的过程中也要万分留心，一旦出现异常情况，立刻与医生们交流。如果分娩不顺利，迟迟没有进展，妈妈们也别太执着，还是选择剖宫产吧。

※ 形形色色的双胞胎胎位却蕴含着极大的险情，不妨考虑剖宫产。

险情 9：妈妈流血不止

危险度：★★★★

察觉难易程度：★★

前面几种情况是在分娩过程中出现的，但现在要说的是产后出现的危险情况。

产后出血通常发生在产后的几小时内，如果出血量超过了 400 毫升就被认为是"大出血"。妈妈会出现血压下降、头晕恶心、呼吸急促等症状，甚至会迅速出现失血性休克。如果不能及时抢救，妈妈很可能会因失血过多死亡，有的时候就算挽救了生命，但大脑缺血坏死，也会造成无法扭转的伤害。

造成产后出血的原因一般有两种。一种是由于宝宝太大，在分娩时引起子宫颈或阴道等的撕裂。这些部位存在着丰富的血管，一旦破裂就会引发大出血。

第二种情况是妈妈的体力不够或是有病症导致子宫收缩乏力，使宝宝出生后胎盘剥落不完全或是胎盘留在子宫内不能排出，都会使子宫的恢复受到影响，就可能会引发大出血。

此外，妈妈精神过于紧张，产程过长，使用镇静药过多，麻醉过深，也可造成胎盘收缩无力，出现大出血。

要预防这种险情的出现，就要在产前做详细的检查。如果患有高血压或是宝宝过大，或者有过产后出血经历的妈妈，一定要小心谨慎，提早住院。除此之外，妈妈在分娩过程中一定要保持冷静，听从医生的指导，千万不要自己胡乱用力，防止产道撕裂。

如果已经出现了出血现象，妈妈也别太紧张，这只会加重病情。这个时候要做的就是相信并配合医生的处理。如果是产道裂伤，医生会缝合伤口。如果是胎盘剥落不完全，医生会尽量将不完全的胎盘刮干净。做完这些处理后，医生就会进行止血处理，例如对某些血管进行结扎。在一些不得已的情况下，医生会采取子宫切除手术。不过不管是什么方法，恐怕对医生们来说都是棘手的事。

有些产妇在分娩时精神过于紧张，导致子宫收缩力不好，这是造成产后出血的主要原因。在正常情况下，胎盘从子宫蜕膜层剥离时，剥离面的血窦开放，常见有些出血，但当胎盘完全剥离并排出子宫之后，流血迅速减少。但是，如果产妇精神过度紧张及其他原因，造成子宫收缩不好，血管不得闭合，即可发生大出血。

又如羊水过多、巨大儿、多胎妊娠时，由于子宫过度膨胀，使子宫纤维过度伸长，产后也不能很好收复；生育过多过频，使子宫肌纤维有退行性变，结缔组织增多，肌纤维减少而收缩无力等，也是造成产后大出血的原因之一。

产妇必须做好产前检查，对有产后出血史，患有出血倾向疾病如血液病、肝炎等，以及有过多次刮宫史的产妇，应提前入院待产，查好血型，备好血，以防在分娩时发生万一。产后出血有时候很难预先估计，往往突然发生，所以做好保健很重要，如子宫收缩无力引起出血，应立即按摩子宫，促进子宫很快收缩，或压迫腹主动脉，以减轻出血量。

PART11

第 11 章

劫后余生（下）
——遭遇"五关"

翻过两座大山以后，我和爸爸妈妈一起回到了家中，美丽的新世界就在眼前，但是慢着，这会儿也不能掉以轻心，还有五个关口等着我去闯呢。

※ 这简直就像打游戏，前方总有关卡在等着你，只有——闯过，才能得到最后的胜利。

出生后的数十天里，危险依然时刻伴随着我们，

从我一出生开始，我的生命就迈上了一个大台阶。现在的我不再是胎儿，而改名成为新生儿了。

我刚出生时身体长度只有大约50厘米，体重在7斤左右，头部因为产道的挤压而有些变尖。我的皮肤发红，而弟弟的皮肤甚至还有褶皱。头发湿嗒嗒地贴在头上，四肢也蜷缩在一起。这样子的我们看起来有些狼狈。我现在的视力很差，甚至不能对焦，虽然这会在未来的一段时间里调整好，但我还是有些不满——没办法看清爸爸妈妈的样子，谁都不会开心的。

不过我的听力很棒，这都是在妈妈肚子里锻炼的结果。我能听见妈妈和爸爸小声地交谈，还能听见医护人员对他们的叮嘱。爸爸妈妈的声音就如同过去几个月中一样温柔，只是更加清晰了。

我大口大口地呼吸着周围陌生而干燥的空气，甚至能感觉自己的腹部就像小青蛙那样随着呼吸一鼓一鼓的。这真是一种奇妙的感觉。

不过这些快乐的感觉还没有来得及细细品味，我们就要打起精神对抗新的难题了。这简直就像打游戏，前方总有关卡在等着你，只有——闯过，才能得到最后的胜利。

第一关：没有"呱呱"坠地
DIYIGUAN MEIYOU GUGU ZHUIDI

■闯关时间：刚离开母体时

我们一离开妈妈的身体都会"哇"的一声宣告旅程顺利结束，不过有些宝宝却安静得好像睡着了，呼吸间歇、不规则，甚至没有呼吸，这可能就是假死。假死是由于分娩的时间过长，缺氧而引起的。长时间无法呼吸的后果不用说大家也知道，即使不死也会在脑部留下后遗症。要是发生了假死的现象，医护人员会拍打宝宝的后背和脚掌，清除口鼻里的黏液，一般来说，宝宝就会开始呼吸。如果这样宝宝还不愿意醒过来，就只能采用人工呼吸等方法了。

氧气不足还会引发的一个症状就是颅内出血。我们头颅内的血管非常脆弱，在缺氧或者受到强力压迫的情况下容易破裂，一旦发生了破裂，我们的小命就危在旦夕了。是否发生了血管破裂从外观上看不出来，妈妈只能靠我们的行为表现来猜测。如果发现我们焦躁不安、少气无力、呕吐、抽搐等，就请医生来检查检查吧。

现在医生确定刚刚离开母体的我们没有出现假死和颅内出血，可接下来剪脐带的工作又带来了问题。

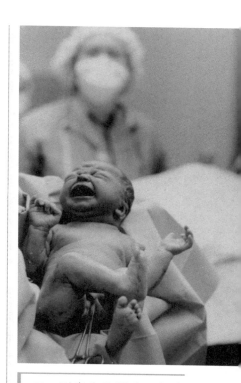

※ 刚出生的婴儿一般会"哇"的一声宣告自己的诞生，但有些宝宝安静的好像睡着了，甚至出现假死症状。

第二关：肚脐眼上的问题
DIERGUAN DUQIYAN SHANG DE WENTI

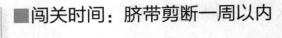

■闯关时间：脐带剪断一周以内

刚出生的时候我肚子上的脐带还连接着我和妈妈，随着医护人员的剪刀声响起，我正式成为了一个独立的个体。

一般来说，当我们的脐带被剪断以后，残余部分会自动干燥脱落，最后在腹部下部留下一个凹陷的肚脐，这个过程需要大概一周的时间。由于脐部位于下腹，如果脐静脉、脐动脉还没有闭合，就很可能受到污染，导致细菌乘虚而入，所以这个小小的地方可能会引出很多问题，一点都不能疏忽。

最常见的就是脐炎了。最开始脐部只有一些红肿发炎，不过这会儿妈妈就该留心了，一定要及时去医生那里检查，防止延误病情。如果妈妈没能及时发现问题，那么脐部可能会形成脓肿甚至坏死。细菌还会沿着还未闭合的脐动脉、脐静脉进入血液循环系统，导致败血症的出现。

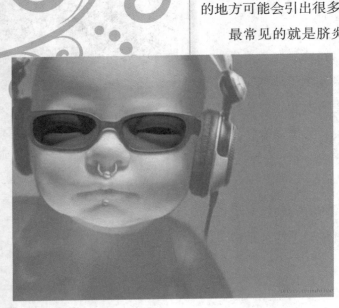

好在脐炎只要小心预防，

就能够避免。在我们的脐带剪断后，要保持脐部的清洁和干燥，消毒后用纱布包扎好，换尿布、洗澡的时候注意不要污染了纱布，这样就不会出现问题了。

脐部还容易出现脐肉芽肿。这是因为脐炎或者脐部受到异物刺激而导致肚脐内长出肉芽一样的肿块，还会有脓出现，一不注意就会导致细菌感染。这个问题也好解决，在医院切除或者用硝酸银烧掉就行了。

脐疝也不少见。这是由于脐部附近的腹肌发育还不完全，所以腹内的压力增大时，一部分内脏器官就会从薄弱的肚脐部分鼓出来。这不需要什么处理，一般会自然恢复。

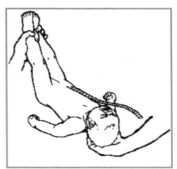

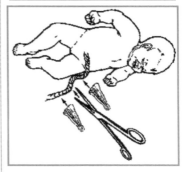

※ 脐带剪断一周以内，这个小小的地方可能会引出很多问题，一点都不能疏忽。

小知识点

"新生儿疾病筛查"必不可少

我国宝宝苯丙酮尿症发生率为万分之一。患儿如果能在出生后的 1 个月内服用低或无苯丙氨酸的特殊奶粉，一般不会出现智力损害。但没有经过及时处理的宝宝 95% 都会出现智力的严重损伤。

我国宝宝先天性甲状腺功能减低症（俗称"呆小病"）的发病率为万分之五，要是及早发现服用甲状腺激素，宝宝的生长发育就不会受到影响。

我国宝宝先天性双侧听力障碍的发生率在万分之十到万分之三十之间，这些宝宝刚出生跟正常宝宝没什么两样，只有通过听力筛查才能早期诊断；在语言发育的敏感期，即出生后 12 个月以内实现早期干预，便能实现先天性听力障碍宝宝聋而不哑，否则将失去学习语言的最佳时期。

"新生儿疾病筛查"可以检查出包括上述疾病在内的 30 多种遗传疾病，方法简单，一般只需要取点血液或做一些小测试就行了。爸爸妈妈千万不要因为存在侥幸心理而放弃这些检查。

第三关：变成了黄孩子

DISANGUAN BIANCHENG LE HUANGHAIZI

■ 闯关时间：出生后 2~7 天

在医院待了两天后，我们终于同妈妈一起回到了家中，可是椅子还没坐热呢，妈妈又发现了问题，而且似乎很严重：我和弟弟的皮肤有发黄的现象！妈妈连忙带我们回到医院。医生说，这叫做黄疸。

黄疸分为生理性和病理性两种。大约 60% 的足月宝宝和超过 80% 的早产宝宝都会产生生理性的黄疸。这一般会在出生后 2~3 天显现，在第 4~6 天最明显。黄疸的症状非常明显，首先是面部、颈部的皮肤发黄，然后逐渐扩散到身体的其他部位，如四肢，甚至连眼白部分也出现轻微发黄的现象。虽然听起来挺吓人的，但我们自身却没什么感觉，精神状态、睡眠、进食、生长都不受到影响。"黄疸"的症状会持续大约 1 到 2 周，然后慢慢消退。如果是早产的宝宝，可能消退的时间会稍稍慢一点。

生理性的黄疸对健康没什么影响，它的产生主要是因为我在妈妈肚子里的时候所需的氧气都是由妈妈的血液所提供，氧气的量不会太多。为了更多地获得氧气，我的身体就会产生更多的血红细胞来携带氧气。当我离开妈妈的身体以后，自己建立了一套呼吸系统，可以从空气中得到源源不断的氧气，

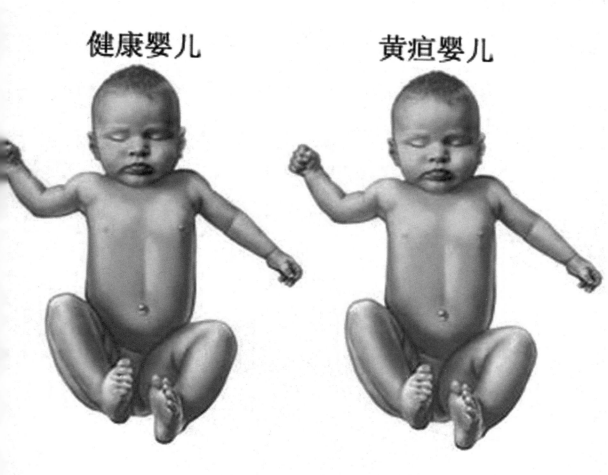

健康婴儿　　　　黄疸婴儿

那么多余的红细胞就没用了。破坏这些多余的红细胞就会使我身体中的胆红素含量增加。正常情况下这些胆红素会在肝脏进行转化，然后由肠道排出体外，但我的肝脏功能还不健全，不能很快完成转化任务。再加上我的肠道也还没有完全进入状态，不能将胆红素排出体外，这些过量的胆红素就会积蓄在血液中，把我的皮肤、眼白染成黄色。

如果妈妈发现我们出生后 24 小时内就出现了黄疸，而且症状较重，或是持续时间过长，那就可能是

※　黄疸图示

病理性的黄疸了。这可就比较麻烦，可能会出现痉挛、呕吐等症状，甚至导致死亡，即使医好了也可能会留下后遗症。所以必须要及时进行治疗。病理性的黄疸可能是因为与妈妈的 ABO 或 Rh 血型不合导致的溶血症引起，也可能是肝炎诱发，或者是药物中毒。

如果是在出生 5 到 6 天以后才出现严重的黄疸，这可能是由先天性的胆道闭锁引起的。症状是排出白色的大便，然后我们的肚子就会鼓起来，因此非常容易判断。

我和弟弟的黄疸只是生理性的黄疸，因此妈妈总算松一口气了。

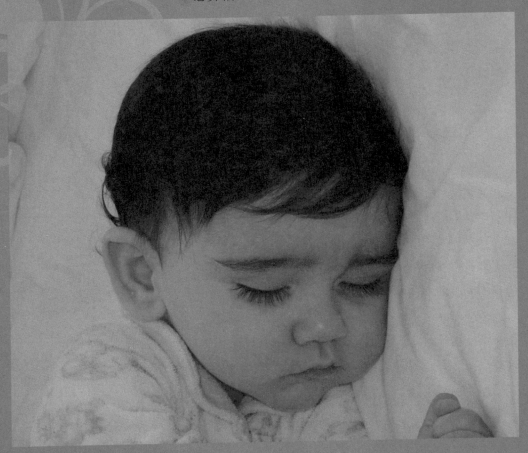

第四关：真假黑粪症

DISIGUAN ZHENJIA HEIFENZHENG

■ 闯关时间：出生一周后

要是我们在吃奶的时候从乳头的伤口吸进了血液，或者因为分娩过程中吸进了妈妈的血液，就会在呕吐物或者大便中看到掺杂的黑褐色渣滓或黏液。这叫做伪性黑粪症，只是暂时现象，很快就会消失。可如果是真性黑粪症，那就要小心了，那是因为食道或者胃、肠出现溃疡或者糜烂导致出血，或者更糟的是血液的凝固功能出现障碍。这就需要进行止血甚至输血。

第五关：五官&小屁股
DIWUGUAN WUGUAN XIAOPIGU

■闯关时间：出生数天甚至数月

除了上面这些大问题，还有其他一些看似不起眼的症状，其实也会造成一些麻烦。这些小小的"关卡"会在我新生的数天甚至数月内反复出现，够烦人的。

人最脆弱的地方是哪里？很多人的答案都是眼睛。我们新生儿的眼睛就更加脆弱，很容易患上结膜炎。

如果妈妈发现我们的眼分泌物较多，说明我们的眼睛可能有感染。妈妈可以用沾有2%硼酸液的脱脂棉擦掉，然后用抗生素眼药水滴眼，如盐酸林可霉素眼药水等一天3~4次，每次一滴，当上下眼睑易被分泌黏上时，宜加用抗生素眼药膏如金霉素眼药膏涂用，小毛巾用后要煮沸消毒，不要与成人毛巾混用。如果情况严重，还伴有眼球充血的情况，就需要请医生诊治了。

鼻塞也是常常困扰我们的症状。你想啊，我们在妈妈肚子里的时候周围都充满了液体，忽然来到一个四处是干燥空气的地方，这个刺激可不小。再加上我们的鼻腔里毛细血管丰富，黏膜也还没有经受过考验，抵抗力非常弱，所以在冷空气或者其他刺激下鼻黏膜就会充血肿胀，造成鼻塞。好在妈妈

小知识点
新生宝宝为什么会有"对眼"？

有时宝宝看起来有点"对眼"，这是怎么回事？这是因为一只眼睛的肌肉比另一只有力，就使宝宝有时看起来有点"对眼"。这种现象只是间断性的，不必担心。

非常细心，她发现我们的鼻塞症状以后，就用消毒棉签小心地清除鼻中的分泌物，还用热的湿毛巾放在我们的鼻孔周围缓解鼻塞的症状。这些小窍门其他妈妈也可以试试哦。

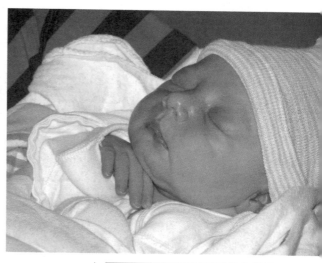

中耳炎也不少见，不过由于我们患上中耳炎后很少发烧，即使发烧也是低烧，所以常常被妈妈忽略掉。我们不能说话来提醒妈妈，只好用哭的方式来抗议。如果妈妈发现当手碰到我们耳朵附近就开始哭闹，或者耳屎中带脓，那就很可能是中耳炎，别耽搁，赶紧请医生看看吧。

※　新生儿的五官很容易感染，妈妈一定要用心了。

口腔也不能忽视。我们的口腔黏膜非常脆弱，很容易发生感染。如果在分娩时或者进食的时候受到了白色念珠菌的感染，就会在口腔的黏膜或者舌头上出现白色的块状物。这个问题也很好解决，医生会开几种抗生素涂抹，然后在每次进食以后清洗口腔，很快就会痊愈。

五官的问题解决得差不多，还有一个地方也不要忽略，那就是我们的小屁股。电视里老说什么"红屁股"，这真的是很常见的皮肤病，主要是因为我们的臀部受潮以及和尿布摩擦造成的，再加上排泄物中的碱性物质会刺激皮肤，屁股很容易就发红，严重的甚至会导致表皮溃烂，这个问题也需要妈妈多多操劳才能解决——勤换尿布勤洗尿布就行了。如果已经有了"红屁股"，就需要擦一些药膏保护皮肤，千万不要把我们的小屁股包得太严实，不透气也会造成刺激。

其他小烦恼

QITA XIAOFANNAO

■ ■ ■

我可能会遭遇的病症还有很多，而且现在不能说话，无法向大家说明，所以家人真是一刻都不能疏忽，得随时观察我是否出现可疑的症状。

要是我出现厌食、腹泻，那么可能是消化系统的疾病引起的。要是每天都烦躁不安，或是一直嗜睡，那么妈妈要留心会不会是我的中枢神经系统出现了问题，例如脑膜炎等。要是我出现发热的症状，有可能是环境温度造成，不过也不要忽视脱水或感染的可能性。如果我的精神状态很差、烦躁、体温下降、呼吸急促等，有可能我是患上了肺炎。要是我出现抽搐的现象，可能是中枢神经系统的疾病例如脑膜炎、颅内出血、脑发育畸形等，也可能是代谢紊乱，例如早产儿低血糖等，还有可能是破伤风引起的。要是我始终哭闹不安，一方面可能是我感到饥饿、口渴、尿不湿、衣服包被裹得太严太热或是太冷、衣服穿得不舒适、房间温度过高或过低这些原因，也有可能是因为病痛。例如颅内出血或其他脑神经病变，就可能会尖声哭叫或出现无回声的尖叫，当病情垂危时，可能出现低弱的呻吟等。

妈妈还可以自己对我做一些基础测量。例如每天抽时间测测我的呼吸次数，我在出生头两周，每

你知道吗？

为什么新生儿皮肤闻起来香香的？

刚出生的婴儿既可爱，闻起来又有一种特别的味道，一般人会以为这是婴儿的奶香味，但是美国著作《皮肤的生命》的医生 Loretta Pratt Balin MD 指出，这是因为婴儿的皮肤是全新的，刚出生的第二天、第三天婴儿并不会流汗，排汗系统要在两岁左右才会完全发育。Balin 指出，婴儿所流的一点点汗水，其中含有葡萄糖，闻起来更香。

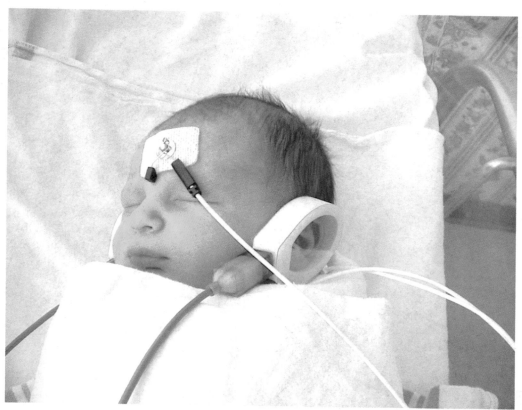

分钟呼吸次数应为 40 到 50 次，如果超过了 60 次，就该请医生检查一下了。还有我的脉搏，大约是每分钟 120 到 140 次，要是过高或者过低都不太正常。体温应该在 35.5 到 37.5 度之间，这个范围以外都要留心。

妈妈除了要随时留心我们的状态，在护理方面还有好多事要做。首先就是要注意环境的卫生和温度的调整。我喜欢卧室里阳光充足、空气流通。由于我自身的体温调节机能较差，所以太热太冷都受不了，如果环境温度持续过低，我的体温长期低于 36℃，会可能使身体内的氧气不足造成中毒，发生皮下组织硬肿和出血，甚至危及生命。可要是环境温度过高，

※ 总之，新生儿的护理一点都不能忽视。图为新生儿听力筛查。

又容易使我的体温骤然增高，以至发生"脱水热"，所以啊，卧室里的温度最好保证在二十多度左右。

其次就是食物了。我最喜欢的当然是母乳，营养丰富又好吸收。不过我现在的胃肠道功能还在完善中，所以最好少吃多餐。要是有需要，还可以给我补充一些维生素。

还有就是要防止感染。我们的皮肤很薄，容易受到损伤而导致感染，所以妈妈在为我们洗澡、换尿布、穿衣服的时候动作都要轻柔一些，为我们选的衣物最好是柔软没有口子或别针的。还要注意保持眼耳口鼻各处清洁。

我们的头骨还需要很长时间才能变硬并完全愈合，所以现在头部可是我们的弱点之一，必须小心不要被碰撞。

妈妈还需要了解一些我们的正常生理状况，不要过于敏感。比如说体重下降吧，这是我们出生以后常常出现的问题，一般是由于进食少、排泄多，导致水分丢失造成的。体重会在一周后恢复正常。要是妈妈发现我们出现体重下降的情况，可不要着急呀。

我们的牙龈上会出现一些淡黄色米粒大小的颗粒，被俗称为"马牙"，有的地方风俗习惯将它用粗布擦掉，其实完全没有必要。所谓的"马牙"是由上皮细胞堆积而形成的，属于正常生理现象，几个星期后就会自行消失。

我们刚出生时还会出现皮肤干燥的情况，这是因为从四周都是水的子宫中来到干燥的环境不适应而造成的，可能会持续好几天。不过妈妈不用担心我们的皮肤问题，也没有必要使用什么护肤品，它会自己好起来的。

对了，至于我们屁股上的青色斑块，这可不是什么缺氧或者挨打后的表现，而是东方人特有的标记。这些斑块边缘清晰，用手指按压也不会退色。它们是由于皮肤内的色素细胞堆积起来形成的，会在我四五岁左右消失。

小知识点

新生宝宝的小"秘密"

新生儿的体重中百分之七十五到八十都是水分，但是由于新生儿的新陈代谢速度很快，是儿童或大人的两到三倍，导致水分的快速流失，所以小婴儿容易脱水，要及时补充水分。

新生儿的胃只是成人的五十分之一。由于胃的容量小，所以很容易就又感到饿了。

PART12

第 12 章
打开世界之门

世界的大门在我面前打开以后，我需要做的就是尽快适应它。不过这外面的世界和我居住了十个月的小房子实在有太大的不同，显得既喧闹又明亮，而且空气中漂浮着大量的灰尘和别的东西。一开始我还真的很不适应，觉得整个鼻子都被堵住了，只能吭哧吭哧地呼吸，好在我的适应能力真的很强，不久便习惯了这个新世界。

第1周：吃吃喝喝
DIYIZHOU CHICHI HEHE

你知道吗？

世界上最小的婴儿

世界上最小的婴儿是鲁美萨·拉赫曼，她出生时竟然没有一个易拉罐大，被认为是世界上存活下来的最小婴儿。她当时只有8.6盎司，身高不足10英寸。刚满一周岁的鲁美萨体重增加到13磅24盎司，身高24英寸。

※ 我们兄弟俩长得都差不多，这是我们酣睡的样子，可爱吧！

我的脸看上去似乎有些肿，眼皮厚厚的，鼻梁扁扁的，和身旁的弟弟很相像，甚至和躺在我们旁边的其他宝宝也很相似，天知道爸爸妈妈怎么样才能认出我们。我的呼吸大约是每分钟40至50次，出生后8小时内体温约为36.8到37.2度。我的手脚现在还是不听使唤，不过受到刺激时会无意识地蜷缩成一团，就像当初在子宫里一样，尤其喜欢蜷缩在被子或者毯子里。我的大脑没办法控制自己，想做的事一件也做不了，现在怎么办？没办法，只好吃了就睡，睡醒再吃。不过掌握吃奶的诀窍也需要时间呢，我在刚出生时吃得很少，体重也下降了，直到差不多一周后才恢复到刚出生的体重。这些都让我有点不满，不过只能用哭声来宣告。每当听见我的哭声，妈妈就会把我抱在怀里，这让我感觉好多了，我喜欢她的拥抱和安慰，这能让我很快就开心起来。

第 3 周：哭闹不止

DISANZHOU KUNAO BUZHI

在我出生三周后，情况开始好转了。我已经能够熟练地找到妈妈的乳头吃奶，还能抓住妈妈逗弄我的手指，甚至当妈妈离我很近时，我能看见她微笑的脸。虽然还是没办法控制自己的手脚做出反应，但捕捉妈妈和爸爸的声音，努力看清他们的样子已经成了我的新乐趣。

我和弟弟躺在一起，不过行事风格可大不相同。也许是我太依恋妈妈的怀抱吧，只要她不在身边一会儿，我就忍不住会哇哇大哭表示抗议。而弟弟就安静得多，很少哭闹，总是瞪大眼睛好像在思考。看来我们的性格真是差很多呢。虽然我爱哭爱动给爸爸妈妈添了好多麻烦，但他们依然非常有耐性，从来不说什么要我改正的话，真的谢谢你们能尊重我的个性。

不过有的时候我哭闹就不是为了体现个性，而是因为肚子痛。我猜自己肚子痛的时候一定面部都扭曲了吧，把爸爸妈妈吓得够呛，赶紧送我去医院。医生说这是正常情况，一般会有 20% 的宝宝在出生后会出现肠绞痛，没有特别好的治疗方法，只能让我趴着按摩按摩来缓解。这可真不公平，为什么我就是那倒霉的 20% 呢？听说肠绞痛还会经常反复发作，看来今后的几个月，我和父母都会很辛苦。

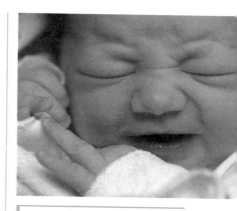

※　新生的宝宝不时会以哭闹刺激妈妈那疲惫而敏感的神经，妈妈您辛苦了。

第4周：
辨出妈妈的声音和气味

DISIZHOU
BIANCHU MAMA DE SHENGYIN HE QIWEI

很快我就满月了，这时我的颈部已经不像原来那样软软的完全没办法支持我的大脑袋，我可以稍稍抬起头，左右转动一下，看到更广阔的天地。我也逐渐开始控制自己的肌肉，使手脚的动作稍稍协调起来。这还不算最让人高兴的，我觉得最棒的是自己能够分辨出妈妈的声音和气味了。哪怕妈妈离得很远，只要听见她的声音，我就会很兴奋，迅速从无聊烦闷的状态中解脱出来，仔细捕捉她发出的每一个音符。你瞧，我还能很好地辨别声音传来的方向，虽然只限于半米以内，但这也是个了不起的进步了。

我的眼睛也比前几周好使多了，能够看看眼前的人和物，不过最喜欢的还是爸爸妈妈的脸和那些颜色鲜艳的简单图片。

我们现在的食物是妈妈的乳汁，这是最天然也最适合我们的食物。母乳中的营养配比完全符合我们的生长需要，而且这些营养物质也不容易引起我们的过敏反应，更不用说里面还有大量增强我们免疫力的物质，为我们建立起天然的保护墙。

虽然母乳最适合我们，但兄弟两人都想吃饱，母乳可能就不够分了。妈妈又为我们准备了牛奶和配方奶粉。

牛奶里的蛋白质比母乳中还多，可惜这些蛋白容易在我们的胃中结成硬块，不容易吸收，而且可能会导致过敏。鲜牛奶中的磷含量对我们来说也太高了，对肾脏是个不小的负担。此外，其他一些元素的缺少也可能导致我们的健康出现问题。

看来牛奶不太对我们的胃口，那么配方奶呢？配方奶粉在普通奶粉的基础上进行了特殊的配置，尽可能地接近母乳。它除掉了大部分我们不容易吸收的蛋白，添加上有利吸收的乳清蛋白，还添加了我们所需要的各种维生素和微量元素，完全可以满足我们生长的需要。

这下我和弟弟不用为食物不够而担心了，有母乳和配方奶，我们的成长绝对没问题。

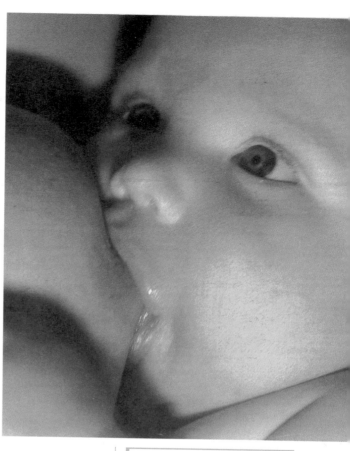

※　妈妈的乳汁是最天然也最适合我们的食物。看，我吃的多香！

你知道吗？

别把宝宝绑成"肉粽子"

爸爸妈妈常常担心自己的宝宝是罗圈腿和内八脚，还有的地方，由于风俗爸爸妈妈会将宝宝的双腿捆起来，防止宝宝罗圈腿，这其实完全没有必要。由于子宫中空间有限，胎儿是以双腿交叉蜷曲，臀部和膝盖拉伸的姿势生长的，因此他的腿、脚向内弯曲。出生后，随着宝宝经常的运动，臀部和腿部的肌肉力量加强，宝宝的身体和脚就会慢慢变直。

第2个月：学会微笑
DIERGEYUE XUEHUI WEIXIAO

第二个月我进一步强化了自己的识别能力：我不仅能分辨出爸爸和妈妈的声音相貌，还能认出谁是陌生人，谁是家中的常客。我的肌肉也进一步发育，现在我已经可以用手臂支撑起自己的上半身了。这可为我留心身边的世界提供了极大方便。我总是不停地扭动头部跟随妈妈在屋里发出的各种声音，要是柔和的声音，我就会安心地听着，要是有突然的声音发出，我会小小地吃惊一下，要是有更大的声响，我就会哭起来提醒妈妈注意。你瞧，我很聪明吧。

我还能看清较近的事物了，比如睡在我身边的弟弟。你知道吗，我每天有将近10个钟头都是清醒的，很多时间我没有别的事可干，就全用来仔细观察我的弟弟了。他的模样、每次皱眉、每个微笑我都看得清清楚楚。有时他也会好奇地观察我，我们长得挺像吧。我猜他一定很想和我聊聊天，可是他一张口发出的却只是咿咿呀呀不成调的声音。他的声音让我忍不住笑了出来，真是个奇妙的感觉，这可是我出生头一次笑呢！或许是受到我的笑声感染，弟弟也大声笑起来，妈妈惊讶地冲进房中，看到的就是我们两兄弟开怀大

※ 第二个月我已经学会微笑，甚至可以笑出声来了，进步不小吧！

笑的样子，她对随后冲进来的爸爸小声道"他们一定会成为感情很好的兄弟俩。"这还用说吗？我眨眨眼，我们以后一定是最棒的兄弟！

爸爸和妈妈开始有意识地锻炼我们的味觉和感官。

其实我们刚出生时就有味觉能力。我从上个月就能辨认出很多不同的味道，只不过由于主要食物是母乳，所以没有太多让我发挥辨别能力的机会。要是爸爸妈妈一直不让我们尝尝其他的味道，我们可能就只对母乳的味道敏感，将来没准就会不习惯很多别的食物，导致偏食、厌食。所以爸爸妈妈开始给我们换换口味，时不时蘸点甜甜的水让我尝尝。我喜欢这个味道。不过有时妈妈也会拿别的咸咸的或者酸酸的汁水给我们尝尝，这个时候我总是皱皱鼻子，噘起嘴表示"我不喜欢"，而弟弟则是干脆地扭过头表示拒绝。

对于我们感官的锻炼主要是通过音乐和图画来进行的。在妈妈肚子里的时候我就听过不少优美的音乐了，现在要是听到熟悉的旋律，我就会整个人放松下来。妈妈有时还会放一些我不熟悉的欢快音乐，这也很不错，会让我心情愉悦和兴奋。爸爸和妈妈还在我的床上挂了颜色鲜艳的图画和活动的物体，这吸引了我的注意力，也是对感官的锻炼。

我的身体生长不像在子宫中那么迅速，但也够快的。刚出生时，我的身高只有大约50厘米，两个月时，我的身高就变为58厘米，第三个月更达到了60多厘米。我的体重也在第二月末由原来的6斤左右迅速增长到10斤多，第三个月时体重变为刚出生时的两倍。身高体重都增加，我的胸围头围也随之增加，妈妈每次测量都会欣喜地发现我又长大了一圈。

小知识点

为什么宝宝常常大哭，却看不见眼泪吗？

这不是宝宝在"装哭"向大人们提要求，而是因为新生儿的泪腺所产生的液体量很少，只能保持他眼球的湿润。而且，宝宝在出生时，其泪管是部分或全部封闭的，要等到几个月以后才能完全打开。

第3个月：抬头看世界

DISANGEYUE TAITOU KAN SHIJIE

第三个月中的变化还不仅仅体现在体重身高这些方面。我的肌肉进一步增强，已经可以熟练地抬起头支撑很长时间了。我对周围和自己的一切都充满了好奇心。我的目光总是紧紧盯住自己感兴趣的东西，比如面前的玩具等，心里琢磨着它们该派上什么用场。有的时候我也会抽出点时间来研究自己的手，并试着控制它。

除了研究身边的东西，我和弟弟还开始了"语言"上的交流。当然，现在还仅限于我们自己才能懂的奇怪发音。每天妈妈都会好奇地听着我们咿咿呀呀试图搞清楚我们在说些什么。妈妈，别着急，我们很快就会学习如何用你们的语言来对话了。

我们前几个月生长所需的铁质主要来源于自身的储备，现在身体中储备的铁差不多已经用光了，母乳中的铁无法满足我们生长发育的需要，要是不补充铁质的话，很可能会导致缺铁性贫血。

我们身体内已经有了些能够消化淀粉的酶类，所以妈妈可以给我们喂一些粥，里面添加上所需的铁质等物质。妈妈还可以尝试给我们喂一些肉泥来补充母乳中逐渐减少的蛋白质和其他一些营养物质。我们对这种改变挺欢迎的，换了谁连续几个月吃一样

小知识点

如何给宝宝换口味

妈妈给宝宝换口味不能一下子就来，需要逐步增加。例如先试一种，开始给宝宝少量，如果没有出现不消化的现象，再逐渐加大量。如果出现了大便异常或者其他情况，就要暂时停止这种食物了，等到恢复正常以后再试试别的。在给宝宝喂这些食物的时候，也是有技巧的哦。宝宝要是吃得饱饱的，估计对新食物就没什么兴趣，在饿的时候接受新食物就会快得多。

的东西都会觉得单调吧，现在终于可以有点改变了。

　　虽然现在我们可以选择的食物很多，但妈妈要
注意不要在这些食物中添加盐。我们的肾脏发育还
不是很成熟，在处理水和电解质时容易发生紊乱。
如果我们摄取了盐分，肾脏可能没办法将它排出体
外，导致盐分积蓄在身体内，最后引起身体的水肿。
所以妈妈现在还是谨慎一点好，最好等我们过一段
时间以后再逐渐添加盐分。

※　我三个月了，已经可以
抬头看这个世界了。这种感
觉太美妙了！

第4个月：表情中的小秘密

DISIGEYUE BIAOQING ZHONG DE XIAOMIMI

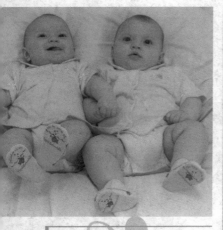

※ 我和弟弟都四个月大了，我们的表情都增加了不少。

　　第四个月时几乎每个来到我家的人都会被我和弟弟的笑声和歌声吓一跳。好吧，对我们而言这是歌声，可能对别人来说是一些重复的嘀咕或高声的尖叫。不过我们确实在试着和爸爸妈妈交流呢。他们和我们聊天时，我们会留心听着，然后用一些类似"啊呜"的词汇来回答。我保证，如果人们能翻译出我们所说的话，一定会很惊讶。

　　虽然妈妈和爸爸还是不太能理解我们的语言，不过没关系，还有别的法宝能让他们明白我们的意思，这就是表情。

　　现在我的表情种类增加了不少。如果今天心情很好，我绝对不会吝惜自己的微笑；如果我想引起父母的注意，会作出各种鬼脸甚至假装咳嗽；要是情绪不好，那表达的方式就更多了，我会用小手捂住脸，或者转过头不理他们俩；要是爸爸妈妈还没发现，我还有最后的杀手锏——大哭。你瞧，我的招数还不少吧。要是爸爸妈妈仔细观察的话，还能发现更多我表情的小秘密。

　　这个月里我们的睡眠算是开始规律了。和前几个月的晚上吵闹相比，爸爸妈妈简直大大松了一口气——我和弟弟几乎能在夜里连续睡上9个小时。爸爸妈妈再也不用怕熬成红眼虎了。我们在白天也会小睡几次，一般是在早晨和中午，每次大约 2 到 3 小时。

　　另外一件高兴的事就是打嗝少多了。在我们出生后的几个月内，一直都有较频繁的打嗝。虽然不是什么大事，但也够烦人的。不过这是我的身体在锻炼横膈膜，它对我们的呼吸运动起着至关重要的作用。有时打嗝则是由于我过于兴奋，或者刚喂过奶。某种程度上讲，打嗝是由于横膈膜还未发育成熟。这个月，随着横隔膜发育基本完善，我打嗝也少多了。

　　这个月里我还开始学习一种新技能——翻身，这给我带来了新乐趣。刚开始的时候我还需要父母的帮助，不过随着脊柱的肌肉和腰背部肌肉的力量增强，我很快就能自己翻身了。这下活动空间更大，我甚至可以翻滚到自己想要的玩具旁边，然后用四个手指与大拇指配合把它捡起来。让身体服从大脑的控制，我做到了！

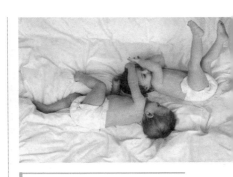

※ 第四个月，我们又学会了一种技能——翻身，这给我们带来了新乐趣。

小知识点

小婴儿面部表情语言知多少

　　美国加利福尼亚州研究婴儿心理学的斯克佛教授,分析了 1~6 个月婴儿的面部表情语言,大致有以下几种。

　　1. 咧嘴笑，表示兴奋愉快

　　这时父母应报以笑脸，用手轻轻地抚摸婴儿的面颊，并在他的额部亲吻一下，给予鼓励。

　　2. 瘪嘴，表示要求

　　婴儿瘪起小嘴，好像受到委屈似的，这是啼哭的先兆，实际上是对成人有所要求。这时父母要细心观察婴儿的要求，适时地去满足他的需要。

　　3. 撅嘴、咧嘴，表示要小便

　　男婴通常以撅嘴来表示要小便，女婴则多以咧嘴或上唇紧含下唇来表示要小便。

　　4. 红脸横眉，表示要大便

　　婴儿往往先是眉筋突暴，然后脸部发红，目光发呆，有明显的"内急"反应。这是要大便的信号，父母应立即解决他的"便急"之需。

第5个月：模仿秀

DIWUGEYUE MOFANGXIU

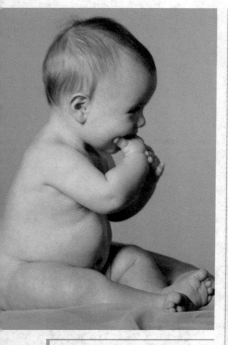

※ 你看，我居然能坐起来了！

我们对身体的控制能力更强了，力气也在逐渐增加。我们双腿的力量也在增长，不仅能独自坐一小会儿，甚至还能在妈妈的帮助下站立一段时间。

我的眼睛和手终于能完美配合了。我不仅能准确地抓住看见的东西，也能在有别的东西挡住视线时将它移开。这给妈妈增添喜悦的同时也给她带来了一些烦恼。我开始用行动表示对某些东西的喜恶。要是看见我喜欢的东西，我会不管三七二十一抓住，要是看见不喜欢的，对不起，我会用手把它挡住。这使得给我喂不喜欢的食物或者药物变得有点困难。

我和弟弟还发现了一种新的游戏方法，那就是模仿秀。我们仔细地观察爸爸妈妈说话时的口型，研究这些不同的音节是怎么样发出来的，然后就自己练习相同的发音。我和弟弟不断重复练习，整个房间里都是我们模仿的声音。虽然爸爸妈妈可能察觉不到我们的模仿秀，但他们很快就会发现我们的语言越来越清晰了。

这些都挺值得高兴，唯一有一点不尽如人意，那就是我对陌生人总是有点恐惧。我也不知道为什么，明明上个月陌生人抱我时我都会冲他们笑，现在怎么退步了，见到他们反而焦虑起来呢？算啦，这个问题就留给爸爸妈妈解决，我还是专心练习自己的发音吧。

第 6 个月：有滋有味

DILIUGEYUE YOUZI YOUWEI

现在我们不仅仅可以用表情和声音表示自己想要什么，还能张开双臂来欢迎妈妈的拥抱。要是妈妈真的过来抱我们，我们会用大叫来表示自己的兴奋。

第六个月我的身高已经达到近 70 厘米，体重也增加到 17 斤左右，妈妈抱起我来稍稍感觉有些费劲。不过我和弟弟可不管妈妈抱不抱得起，我们总是希望妈妈给自己来个拥抱。生活简直是充满了活力。我玩得不亦乐乎，无论是喂奶还是洗澡，或者换尿布时，我都不放过动来动去的机会，有时简直让妈妈有些招架不住。

我和弟弟的模仿练习也初见成效，能够发出一些清晰的语音。妈妈显然发现了这一点，她高兴极了，现在和我们兄弟俩讲话时都会慢慢地说得很清楚，而且不再使用长句，把句子分割成我们容易理解的短句，并且是不重复的。对于我们俩感兴趣的事物，妈妈也一遍一遍不厌其烦地给我们介绍它们的特点和名字。这些都能帮助我们尽快掌握语言。我对很多东西的名字还不太敏感，不过对自己的名字已经记得很牢了。即使是陌生人叫我的名字，我也能很快分辨出来并作出反应。

虽然这个时候正餐还是母乳，但是现在我们两

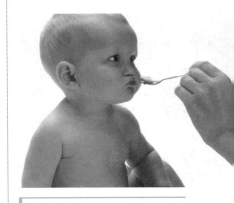

※ 第六个月，我们的食谱可扩大了，妈妈给我们加了一些辅食。大多数时候我们都吃得有滋有味，不过有时也难免会皱皱鼻子，噘起嘴表示"我不喜欢"。

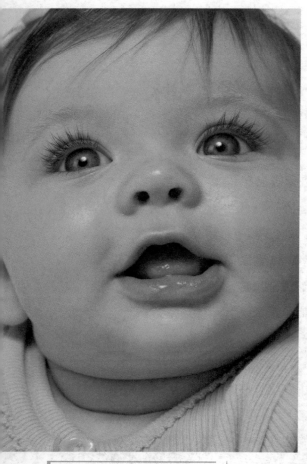

※ 这个月有点损伤形象的就是我开始不停地流口水。看来要等到牙齿长出来以后，这个问题才能解决。

兄弟都爱上了吃一点点小零食。妈妈有时会给我们几块小饼干，自己用手抓着吃的感觉可真美妙啊。我对蔬菜、水果等也产生了兴趣。这可是个值得爸爸妈妈鼓励的好习惯。蔬菜水果中丰富的维生素和纤维都是我身体所需要的。

现在我们的食谱选择性可大了，除了正餐以外，辅餐可以是淀粉类、蛋白质、蔬菜水果，或者油脂类等。这些东西会给我们提供不同的营养。

我们的食物中也开始出现一点点的盐分。我和弟弟吃了几个月没有什么味道的食物，早就想尝尝盐的滋味了。现在我们的肾脏已经可以处理一些电解质，再说了，要是现在还不开始熟悉这些味道，恐怕会导致我和弟弟将来的味觉迟钝。所以可以在我们每天的食物中适当添加一些盐分。

这个月有点损伤形象的就是我开始不停地流口水。我刚出生时每天只分泌50到80毫升的唾液，大约只有爸爸妈妈的1/20。那时候由于口水少，所以还没出现这种问题。但是现在我分泌的唾液量明显增加了。我的牙槽突尚未发育，腭部和口底比较浅，吞咽反射又不灵敏。唾液没有牙槽的阻挡，就会流出来了。妈妈需要时时给我擦拭。这个损伤形象的事只有当我的牙齿长出以后，牙槽突逐渐形成，腭部慢慢增高以后，才会解决。

第 7 个月：爬行的乐趣

DIQIGEYUE PAXING DE LEQU

　　第七个月的大事件就是我和弟弟学会了爬行。这绝对是值得庆祝的大事。我们的活动范围就此开始扩大了。

　　虽然都是爬行，但我们俩却有很大不同。我是向后倒着爬，他却是原地打转。这让我们有的时候会撞到一起，惹得爸爸妈妈大笑。为了能让我向前爬，爸爸妈妈可作了不少努力。他们一个拉着我的双手，另一个推着我的双脚。拉左手的时候推右脚，拉右手的时候推左脚，这样让我的四肢被动协调起来。虽然刚开始纠正的时候费了不少力气，但最终我还是

　　※　第七个月的大事件就是我和弟弟学会了爬行。

学会了协调四肢向前爬。弟弟也同样受到训练，现在能很好地向前爬行了。我们现在的爬行很有章法：两只小手在前面撑着，小腿在后面使劲蹬，而且还能用胳膊做支点转圈或后退。当妈妈拉我们站起来时，我们也会自己用力，平衡能力也越来越强。我们的坐姿也越来越稳，可以从趴着的姿势转变成坐姿。有时，还会趴着转圈，找自己的脚。

我们的动作越来越熟练，不仅可以向前，也能随心所欲地后退或转圈。有的时候我们俩都看中了一个玩具，就会展开爬行比赛，先到的先抓住玩具。

虽然跟爸爸妈妈和弟弟在一起时我显得活泼又好动，但在陌生人面前就完全不是这样了。我对不熟悉的人总是抱着恐惧的态度，有时甚至会被吓得大哭。每当这个时候，妈妈的拥抱和安慰就是我最好的镇静剂。妈妈平静地告诉我不用害怕，温柔地向我介绍他们。这让我感觉好多了。

妈妈还在尝试着让我独立。虽然我总希望待在她身边，但这并不值得鼓励，我总应该学会独立一点对不对？妈妈在逐渐增加离开我们兄弟俩的时间，让我们慢慢适应。虽然不情愿，但这一阶段还是会度过的。更何况我身边还有一个弟弟呢，这也极大地减轻了我的孤独感。

除了要克服自己独立时产生的孤独感，我还要克服长牙的不适。刚开始长牙，我老觉得不舒服，连胃口也差了，妈妈只好准备一些柔软好吃的食品来吸引我的注意力。细心的妈妈还用干净的湿纱布或手帕，小心将我的牙龈清洗干净，并带我去医院做了详细的检查。医生说我一定会有一口漂亮牙齿的！

小知识点

宝宝何时长牙

人一生中有两副牙齿，即乳牙（共20个）和恒牙（共32个）。出生时在颌骨中已有骨化的乳牙牙孢，但未萌出，恒牙的骨化则从新生儿期开始。新生儿时期无牙，生后4~6个月乳牙开始萌出，12个月尚未出牙可视为异常。孩子在6个月时，多数开始出现下切牙（门牙），孩子在2岁以内出牙的数目大约为月龄减4~6，但乳牙的萌出时间存在较大的个体差异。

第9个月：牙牙学语

DIJIUGEYUE YAYA XUEYU

接下来我和弟弟进一步扩大我们的活动范围。我们不断爬来爬去寻找各种好玩的东西，找到了也不管能不能吃就放进嘴里咬一咬看看它是什么。所以爸爸妈妈一定要把有危险的小东西放在我们找不到的地方哦。

我和弟弟总是一边玩一边对话。现在我们不再是发出单独的音节，而是能说出连续的音节。当我们嘟囔着叫出"爸爸""妈妈"时，你真该看看他们狂喜的表情。我们不仅能叫爸爸妈妈，还能模仿别人再见时说的"拜拜"，甚至电视里邻居家传出的声音我们都会认真模仿。

我和弟弟不只在努力学习说话，还在努力学习"察言观色"。几个月来对爸爸妈妈的详细观察让我们知道了什么样的表情是开心，什么样的表情是生气。这些发现可以为我们提供很多便利呢。要是谁说我和弟弟没有心计那就太小看我们了。我们可清楚做什么、提什么要求是爸爸妈妈的底线呢。要是要求得不到满足或是发现爸爸妈妈生气了，我们就会抛出大哭这个百试百灵的杀手锏来换取他们的安慰。你瞧，我们还是很聪明吧。

除了观察爸爸妈妈的表情，我们也喜欢上了研究

※ 现在，我和弟弟每天都在忙着探索新世界。

自己的表情。每天我们都要在镜子前耗上很长时间，细细观察自己的样子，做各种鬼脸，模仿爸爸妈妈的表情。这些表情都会逐渐地被用来表达自己的感情。

我和弟弟每天都在忙着探索新世界，有的时候甚至不愿意去睡觉。耐心的妈妈没有冲我们发脾气，而是采取了聪明的诱导策略。妈妈在我们睡觉前给我们泡个热水澡，放着轻柔的音乐，再伴上柔和的语言和我们聊天，这样我们就很难抵抗睡意的侵袭了。如果有的时候实在睡不着，妈妈就会把我最爱的玩具放到我身边，有了它们的陪伴，我就能很快进入梦乡了。

第10个月：站起来

DISHIGEYUE ZHANQILAI

在第十个月时，我终于站起来了！我们的语言也进一步发展，会清晰地喊出"爸爸""妈妈"，甚至能用简单的语言和他们交流！现在我们可不再仅仅使用哭这个武器了，我们会用刚刚学会的音节配上表情和动作向爸爸妈妈表达自己的要求。

妈妈和爸爸的情绪开始对我和弟弟产生影响。我们能看出他们什么时候开心，什么时候苦恼。当他们微笑的时候，我们也会开心地大笑，可如果他们的脸色不好，我们也会情绪低落，郁郁寡欢。

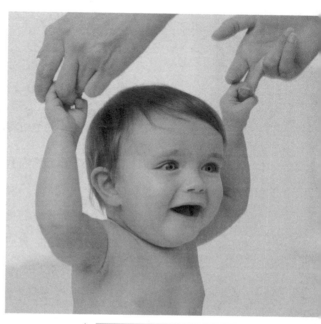

※ 在第十个月时，我终于站起来了！

我还发现自己的记忆力越来越好。看到某些食物，我会记起它的味道。听见妈妈说起某样东西，我也会记得它的样子，甚至知道它藏在哪里。我不再是浑浑噩噩地生活，而是逐渐开始拥有自己的人生记忆了。

我们的体重又增加了，现在差不多有20斤，身高也增加到75厘米左右。我已经长出了好几颗牙齿，总是想着用它们来试试各种东西的硬度。

妈妈更加频繁地带我和弟弟在户外活动，引导我们继续探索这个奇妙的世界。无论是花草树木，

妈妈都会不厌其烦地给我们讲解。我们对外面的一切都充满了极大的热情，会努力记住见到的各种事物的样子和名字。妈妈还开始对我们进行早期教育，例如让我们数数、区分物品颜色。每天在睡觉前，妈妈还要给我们讲上几个有趣的故事，这不仅可以放松我们的心情，还可以锻炼我们的理解能力，并且体会语言的魅力。我们在妈妈讲故事的时候会自己嘟嘟囔囔一些妈妈听不懂的话，这是我们在用自己的语言讲述这个故事或是对它提出问题呢。妈妈可以给我们重复一下刚才的故事，我们会很高兴的。

※ 我不再是浑浑噩噩地生活，而是逐渐开始拥有自己的人生记忆了。

我们知道做什么能让爸爸妈妈高兴，做什么会让他们发疯。我们努力地让爸爸妈妈开心，例如自己吃饭，在她帮我们穿衣服时尽量配合。这些都让妈妈自豪，也给我们带来了快乐。

前几个月对陌生人的恐惧也在逐渐减退，虽然没有达到"笑脸相迎"的程度，但也不再抗拒。这是因为我们对与人交往兴趣的发展超过了因陌生人带来的不安全感引起的恐惧情绪。不过不恐惧的前提仍然是有家人在场。我们对家人的信任让我们能够与陌生人交往，这种信任也是将来社会交往的前提。

第 12 个月：走出去

DISHIERGEYUE ZOUCHUQU

这是值得纪念的一个月，不仅是我们要满一周岁，而且我们还学会了走路！达尔文说过"人与动物的最大区别是人类学会了直立行走"。这在当初人类的历史上是飞越，在如今我和弟弟的生活史上也是飞越。我和弟弟能扶着栏杆站起来，然后将一只脚提起，再放下。虽然动作还不是很协调，看起来有点古怪，但毕竟是在走动啊。迈步走的快乐带动了我们运动的热情，我们总是不停地爬来爬去，站起来走两步又坐下，或者想趁着妈妈看不见的空档溜到外面去。妈妈总是明白我们想要什么，她把我和弟弟带到了户外，让我们在阳光下的草地上尽情感受运动的乐趣。我们的脚逐

※ 我从一个小小的受精卵，历经十月怀胎，一朝分娩，经过一年的锻炼我们终于站起来了！新的世界大门在向我敞开！

渐开始履行自己职责的时候，手指的活动也越来越精细。我们可以把自己的玩具摆弄成各种样子，可以用手指熟练地捡起地上的小东西，甚至能用杯子喝水。

接下来的日子里我们的生长速度开始逐渐慢下来。我们的行动更加敏捷，甚至能小跑一段路程。

我和弟弟的自我意识越来越强。除了愿意自己吃饭、喝水，还愿意帮妈妈拿东西。这些都让妈妈开心不已。我们对陌生人的态度也越来越友好，总是极力讨人欢心来求得赞许。

自从我们开始熟悉各种人和事物的名称以后，每当有人提到这些，我们的大脑就会很快反应过来，甚至想在爸爸妈妈的谈话中插上一两句，不过他们听见的大部分还是单音词。

我和弟弟喜欢上了看电视，不过妈妈说这不是一个好习惯，每天限制我们看电视的时间。还有一些不好的习惯妈妈也强硬地表示了禁止。虽然刚开始我们会哭闹着表示反对，不过这些都是为了我们好呢。

从一个小小的受精卵，历经十月怀胎，一朝分娩，还需要经过一年的锻炼，如今，我们终于能走进一个美丽的新世界了！

小知识点

宝宝 1 岁前施加影响对个人成长最重要。

俄罗斯科研院的科学家研究了人的一生中大脑的变化情况，以期发现大智慧的秘密。他们能够确定，影响个人成长的最重要因素实际上就是孩子出生后的一年时间里父母的影响程度。孩子的大脑在出生后的头 12 个月发育最快，增加 2.5 倍之多。在这个时候集中对孩子们施加影响最为重要。父母应当经常跟他们说话，展示各种图片，与他们一起嬉戏玩耍。

附录1：生命诞生大事记 >>

FULU1
SHENGMING DANSHENG DASHIJI

0 小时 精子和卵子终于在输卵管壶腹部相遇，融合形成受精卵

24 小时 第一次有丝分裂，受精卵细胞一分为二

36 小时 第二次有丝分裂，受精卵细胞由二变四

72 小时 受精卵继续进行有丝分裂，形成桑葚胚

第 3~4 天 胚胎到达子宫宫腔，一边继续分裂一边寻找合适的着床位点

第 7~8 天 在激素的作用下，子宫内膜增厚并变软，胚胎埋进内膜中，即着床

第 2 周 形成内外两个胚层

第 3 周 三胚层完全建立起来，开始分化

第 4 周 开始面部的塑造；形成原始心血管系统、消化道

第 5 周 继续面部塑造；出现了手和腿

第 6 周 心血管系统进一步完善，心脏开始为全身供血

第 7 周 牙齿和腭部开始发育；身体能够活动

第 8 周 独有的面容特征形成；正式成为"胎儿"

第 9 周 生殖系统发育；脑部开始迅速增长

第 10 周 头发、指甲、骨骼开始形成

第 11 周 骨骼逐渐变硬，关节出现

第 12 周 血液循环系统完全建立起来

第 13~16 周 视网膜能感受到光线；形成两个肺叶

第 17~20 周 皮脂腺开始工作；能听见外界的声音

第 21~24 周 皮肤增厚

第25~28周大脑活动活跃，能控制身体的活动及做梦；能隐约看见外界事物

第29~32周身体长度增加减缓，体重增长加快

第33~36周各种器官基本发育成熟，开始调节准备工作

第37周至出生胎毛脱落；身体下降，准备分娩

出生后第1周脐带脱落

出生后第2周四肢无意识运动

出生后第3周各种条件反射都已建立；能够看见近距离的物体

出生后第4周能将头抬起并转动；形成自己的生活规律；能辨认妈妈的声音和气味

出生后第2月能分辨家人和陌生人

出生后第3月肌肉进一步增强；能咿咿呀呀发音

出生后第4月学会翻身

出生后第5月能坐甚至站立一段时间；开始模仿父母说话

出生后第6月能记住自己的名字；能发出清晰的单音

出生后第7月学会爬行

出生后第8月学会叫"爸爸""妈妈"

出生后第9月知道常用物品的名称

出生后第10月学会站立

出生后第11月会用面部表情、简单的语言和动作与成人交往

出生后第12月能直立行走

附录2：孕妇身体变化与胎儿发育日程表 >>

FULU2 YUNFU SHENTI
BIANHUA YU TAIER FAYU RICHENGBIAO

第1月每月如期而至的月经不再出现，由于体内激素分娩的失衡，有些孕妇这时就出现了：恶心、呕吐的"孕吐"症状。此时的胎儿长约3厘米，重约1克。

第2月孕妇会觉得乳房胀满、柔软，乳头有时还会有刺痛和抽动的感觉。这时，大多数的孕妇会感到异常疲倦，需要更多的睡眠。胎儿已经踢脚、握拳、转头、眨眼和大蹙眉。牙齿、嘴唇和生殖器开始发育。这时，胎儿长约7厘米，重约28克。

第3月孕早期的"孕吐"现象会逐渐消失。胎儿的头发、眼睫毛、指甲、开始生长，声带及味蕾也已长成。胎儿这时长约18厘米，重约113克。

第4月孕妇的身体会逐渐变得丰满，乳头可能会分泌出少量黄色或浅白色的"初乳"。乳晕的面积也会逐渐增大，颜色变深，乳头的四周还会呈现凸起的暗色小点。这是乳房的皮脂腺。胎动的感觉会愈来愈强烈，胎儿已长出了头发，并会吮吸自己的拇指，身体各部分的器官也逐渐成长。这时的胎儿长约25厘米，重约224~500克。

第5月由于子宫愈来愈大，压迫大肠，孕妇可能会产生便秘。腿部亦开始出现静脉曲张，到怀孕后期，这种情况可能会变得更严重。胎儿已可以开闭眼睛和母体内的声音。他的手印和脚印亦已形成。这时胎儿长约29~35厘米，重约560~680克。

第6月由于子宫逐渐向腹部扩张，使膀胱所受的压力减少，孕妇的尿频症状也逐渐好转。在腹部开始出现妊娠纹。妊娠纹通常在腹部出现，有时也会波及乳房和大腿。婴儿出生后，妊娠纹便会逐渐消失。胎儿的皮肤呈红色，略带皱纹，体重较上个月增加一倍，长约35~42厘米，重约1 100~1 300克。

第7月部分孕妇会出现痔疮。痔疮是直肠内扩大的静脉，有些孕妇是首次出现痔疮，有些本来有痔疮，但在怀孕后情况会加重。胎儿日渐长大，骨骼更为强健，已可听到母体外的声音。这时，胎儿长约42~46厘米，重约2 000~2 700克。

第8月有些孕妇可能会感到呼吸短促。这时因子宫的逐渐胀大，影响到胸部的呼吸肌肉所致。另外，此时的胎儿体重不断增加，加上孕妇的背痛及肠胃等不适，可能会导致孕妇失眠。胎儿发育已达到完成阶段，皮肤逐渐软滑。它的位置会下移至孕妇下腹部，并且转身，准备诞生。这时，胎儿长约50~55厘米，重约2 700~3 200克。

第9月由于胎儿下降，胎头进入骨盆，孕妇可能会再度出现尿频的症状。但是随着胎儿位置的下移，孕妇呼吸短促的情况会因此而好转。在接近预产期时，孕妇要每星期去作产前检查。